聪明来自勤劳 天才源于奋斗

人生赢在勤奋

主编 拾 月
编著 陈志华

图书在版编目(CIP)数据

聪明来自勤劳 天才源于奋斗：人生赢在勤奋 / 陈志华编著. -- 北京：现代出版社，2015.4（2024.4重印）
ISBN 978-7-5143-3545-3

Ⅰ. ①聪… Ⅱ. ①陈… Ⅲ. ①人生哲学－青少年读物 Ⅳ. ①B821-49

中国版本图书馆 CIP 数据核字(2015)第 067788 号

聪明来自勤劳 天才源于奋斗：人生赢在勤奋

主　　编　拾　月
编　　著　陈志华
责任编辑　王敬一
内文制作　诚美天下文化传播有限公司
出版发行　现代出版社
地　　址　北京市安定门外安华里 504 号
邮　　编　100011
电　　话　(010)64267325
传　　真　(010)64245264
邮　　箱　xiandai@cnpitc.com.cn
网　　址　www.1980xd.com
印　　刷　唐山富达印务有限公司
开　　本　700mmx1000mm　1/16
印　　张　9
版　　次　2015 年 5 月第 1 版　2024 年 4 月第 4 次印刷
书　　号　ISBN 978-7-5143-3545-3
定　　价　57.00 元

前言

青少年是社会最宝贵的财富，是人类的希望和未来，正所谓“少年强则国强”。正因为如此，大至一个国家、一个民族，小至一个家庭、一个家族，都特别重视青少年的教育问题。希望他们成为社会的中坚，家族的骄傲。一句话，就是希望他们成为成功的人。于国，能成为有用的人才；于家，能成为顶梁柱。不仅仅要学习好，还要有辨别人世间的善、恶、美、丑的能力。在每个人的人生中，除了需要自身的因素之外，还需要拥有感受世界的能力。

处世、释然，能够消除疑虑和浮躁，树立正确的人生观和价值观。

美感、憧憬，能够发现并塑造身边的美，对未来的美好生活充满期待和向往。

尽责、勤奋，能够明白做任何事只有尽职尽责，勤劳奋进，才能收获成功的果实。

仁慈、奉献，能够学会换位思考，用个人的小爱去收获社会无私的大爱。

忠诚、正义，能够修身定性，塑造没有个人之私的，近乎圣贤先哲般的美德。

青春，是每一个人最美好的一段时光，也是每个人人格、性格定型的重要阶段，在这个时期，我们需要享受青春的快乐，同时也需要完成自我塑造。通过心理自助，最终从一个小男生、小女生逐渐成长为一个有着健全人格的人，成长为一个对社会、对家庭、对自我有着相对完整认知的人，成长为能够为自己的未来做主的人。这才是一个最充实、最有价值的青春。每个梦想都值得我们认真对待，每个青少年都是未来的希望。在青春之中，我们不仅要有欢乐，同时也要拥有未来！

本丛书是你化解烦恼的“心灵鸡汤”，可以给你增加快乐的心理自助法则；本丛书会让你认识到：掌控心理，方能掌控世界；改变自己，才能改变一切。本丛书还将告诉你：只有实现积极的心理自助，才能收获快乐而充实的青春。

目录

第一篇 行动起来，用勤奋奏响胜利的号角

第二篇 挖掘潜能：在前进的途中突破自我

第三篇 贵在坚持，求知者绝不放弃

目录

第四篇 张弛有度，生活和工作需要休息

第五篇 丰富人生：用勤奋书写精彩

第一篇

行动起来，用勤奋奏响胜利的号角

只有行动起来，才能离自己的梦想越来越近。在通往成功的道路上，需要我们树立目标、制定计划、注重细节、不找借口，还要找准自己的位置，因为只有在适合自己的位置下，才能发挥出自己应有的水平。

树立目标，找准奋斗的方向

故事话题

有人曾经问罗斯福总统：“尊敬的总统，你能给那些渴求成功特别是那些年轻、刚刚走出校门的人一些建议吗？”

罗斯福谦虚地摇摇头，但他又接着说出了一段让大家受益匪浅的话：“不过，先生，你的提问倒令我想起我年轻时的一件事：那时，我在本宁顿学院念书，想边学习边找一份工作做。最好能在电讯业找份工作，这样我还可以修几个学分。我的父亲便帮我联系，约好了去见他的一位朋友——当时任美国无线电公司董事长的萨尔洛夫将军。等我单独见到了萨尔洛夫将军时，他便直截了当地问我想找什么样的工作，具体哪一个工种？我想：他手下的公司任何工种都让我喜欢，无所谓选不选了。便对他说，随便哪份工作都行！

“只见将军停下手中忙碌的工作，眼光注视着我，严肃地说，年轻人，世上没有一类工作叫‘随便’，成功的道路是由目标铺成的！”

故事解析

约翰思顿曾经说过：“如果你不知道你要去向何方，便不会取得什么惊世骇俗的成就。”成功人士一般都有一个突出的特征——做事有明确的目标。目标是一种决心。很多人无法取得成就的原因，就在于他们没有明确的目标。

目标一旦被确立，就会成为你奋斗的依据，也是对自己的一种鞭策。可以说，目标是一个看得见的靶子。没有目标就不可能有成功。心中怀有坚定的目标就可能会到达成功的彼岸，我们也要给自己树立好目标，找准奋斗的方向。

故事穿越

山田本一是日本运动员。他曾在 1984 年和 1987 年的国际马拉松比赛中，两次夺冠。

记者问山田本一取得如此惊人的成绩靠的是什么，山田本一总是如此回答：“凭智慧战胜对手！”

马拉松比赛主要是运动员体力和耐力的较量，爆发力、速度和技巧都在其次。因此许多人都觉得山田本一是在故弄玄虚地回答记者的提问。

10 年之后，这个谜底终于被揭开了。山田本一在自传中写道：“每次比赛之前，我都要亲自乘车将比赛的路线仔细看一遍，并把沿途比较醒目的标志画下来，比如第一个标志是银行；第二个标志是一棵古怪的大树；第三个标志是一座高楼……这样一直画到赛程的结束。比赛开始后，我就会以百米冲刺的速度奋力跑向第一个目标，到达第一个目标后，我便会以同样的速度向第二个目标冲去。40 多千米的赛程，被我分解成几个小目标，跑起来就轻松多了。最开始我把我的目标定在终点线的旗帜上，结果在我跑到十几千米的时候就已经疲惫不堪了，因为我已经被前面那段遥远的路途吓倒了。”

故事微语

工作任务的出色完成，事业宏图的最终取得，都离不开目标的确定，而且要把明确目标作为生活中的一种习惯。

大目标是需要分解的，一个人在制定目标的时候，要有最终目标，也要有明确的近期目标。最终目标是宏大的，引领自己的人生方向；而绩效目标就是一个具体的，有明确衡量标准的目标。

当目标被清晰地分解了，目标的激励作用就凸显了，当我们实现了一个目标的时候，我们就得到了一个正面激励，这会提升我们的自信心。

心灵箴言

业精于勤荒于嬉，行成于思毁于随。

——韩愈

才华是刀刃，辛苦是磨刀石，很锋利的刀刃，若日久不去磨，也会生锈，成为废物。

——老舍

即使天才，在生下来的时候的第一声啼哭，也和平常的儿童一样，决不会就是一首好诗。

——鲁迅

制定计划，按照既定的路线行驶

故事话题

女孩儿在 18 岁前，是个不知道自己真正想要什么的人。她每天都在艺校里跟着同学唱歌跳舞，偶尔有导演来找她拍戏，她就会很兴奋地去拍，无论角色有多小。直到 1993 年的一天，教她专业课的赵老师突然找她谈话，问道：“你能告诉我，你未来的打算吗？”女孩儿一下子愣住了。她不明白赵老师为什么突然问她如此严肃的问题，更不知道该如何回答。

赵老师又接着问女孩儿：“现在的生活你满意吗？”女孩儿摇了摇头。老师笑了：“不满意的话证明你还有救。你现在想想，10 年以后你会怎样？”

老师的话很轻，但是重重地敲击了女孩儿的内心。她脑海里顿时开始风起云涌。沉默许久后她回答说：“我希望 10 年以后自己能成为最好的女演员，同时可以发行一张属于自己的音乐专辑。”

老师问女孩儿：“你确定了吗？”

女孩儿慢慢地咬紧嘴唇：“是。”而且拉了很久的长音。

“好，既然你确定了，我们就把这个目标倒着算回来。10 年以后你 28 岁，那时你是一个红透半边天的大明星，同时出了一张专辑。那么你 27 岁的时候，除了接拍各种名导演的戏以外，一定还要有一个完整的音乐作品，可以拿给很多很多的唱片公司听，对不对？25 岁的时候，在演艺事业上你要不断进行学习和思考。另外，你还要有很棒的音乐作品开始录制了。23 岁必须接受各种各样的培训和训练，包括音乐上和肢体上的。20 岁的时候开始作曲作词，并在演戏方面要接拍大一点的角色……”

老师的话说得很轻松，但是女孩儿却感到了恐惧。这样推下来，她应该开始着手为自己的理想做准备了。可是她现在什么都不会，什么也没想过，仍然为接一些小角色而沾沾自喜。她忽然感觉一种强大的压力向自己袭来。

老师平静地笑着对她说："要知道，你是一棵好苗子，但是你对人生缺少规划。如果你确定了目标，希望你从现在就开始做。"

想想 10 年后的自己——当女孩儿意识到这是一个问题的时候，她发现自己整个人都觉醒了。从那时起，她就开始记得 10 年后自己要做最成功的明星。所以，毕业后，她开始对角色进行很认真地筛选。渐渐地，女孩儿被大家接受了，她开始品尝到了成功的欢乐。

2003 年 4 月，恰好是老师和女孩儿谈话的 10 周年，她居然真的拥有了属于自己的第一张专辑——《夏天》。

这个女孩儿就是红遍全国、驰名海内外的影视歌三栖明星周迅。从 1991 年到 2008 年，周迅已拍摄各类题材的影视剧 37 部，成为 32 种知名品牌的形象代言人，她的歌曲也深受广大歌迷的喜爱。

故事解析

人生能有几个 10 年？我们要及时地拷问自己："10 年后我会怎样？"及早规划，及早行动，并且矢志不移地坚持下去，你便会拥有精彩的人生。是的，时刻想着自己的目标，想想 10 年以后的自己，并且制定计划，按照既定的路线走下去。

有计划的生活即使紧张也井然有序；有计划的工作即使繁忙也会变得充实而有效率；有计划的人生即使艰辛，我们也能做到处之泰然。计划让你的思维清晰，往往能达到事半功倍的效果。

故事穿越

杨澜的人生充满了传奇色彩。从著名节目主持人到制片人，从传媒界到商界，她一次次成功实现了自己的人生的转型。杨澜曾经说过：“一次幸运并不可能带给一个人一辈子好运，人生还需要你自己来规划。”

在成为央视节目主持人以前，杨澜是北京外语学院的一名学生，她说：“我经常觉得自己不是一个有才华和极端聪明的人。”但是，勤勉努力的她，不仅大胆直率，看问题也通常有自己独特的视角。

1990 年 2 月，《正大综艺》节目在全国范围内招聘主持人。杨澜以她的才气逐渐脱颖而出。但是，由于她长得不是太漂亮，所以只处于“被考虑范围之列”。杨澜知道后，就反问导演：“为什么非得只找一个女主持人，是不是一出场就是给男主持人做陪衬的？其实女性也可以很有头脑，所以如果能够有这个机会的话，自己就希望做一个聪明的主持人。”“我不是很漂亮，但我很有气质。”就是因为杨澜的这些话，彻底打动了导演。毕业后，杨澜正式成为《正大综艺》的节目主持人。

进入央视后，杨澜靠着自身的实力，获得了“十佳”电视节目主持人、金话筒奖等荣誉。4年央视主持人的职业生涯，不仅开阔了杨澜的眼界，更确立了她未来的发展方向：做一名真正的传媒人。

1994年，杨澜又做出了一个令人惊讶的决定：辞去央视的工作，去美国留学。在事业最明亮的时候选择急流勇退，就意味着她要放弃目前所拥有的一切和触手可得的美好未来。

26岁的时候，杨澜远赴美国哥伦比亚大学。在异国他乡的生活，比想象中的还要艰苦。杨澜说：“有些人遇到的苦难可能比别人多一点儿，但我遇到的困难并不比别人少，因为没有一件事是轻而易举的，需要经历的磨难委屈，一样儿也少不了。”

虽然如此，但这段生活给杨澜带来更多的还是收获。她的视野开阔了

许多，更亲身接触到了许多成功的传媒人和先进的传媒理念。

业余时间，杨澜与上海东方电视台联合制作了《杨澜视线》，这是她第一次以独立的眼光看世界。她也借此实现了从一个娱乐节目主持人向复合型传媒人才的过渡。

1997年回国后，凤凰卫视中文台刚刚成立，杨澜便加盟其中。1998年1月，《杨澜工作室》正式开播。

在随后的两年时间里，杨澜采访了120多位名人，通过与他们的交流，也让杨澜的信息量获得极大的丰富。

1999年10月，杨澜辞去了凤凰卫视的工作。次年3月，杨澜突然收购了良记集团，更名为阳光文化网络电视控股有限公司，成功地借壳上市，准备打造一个传媒帝国。

但正所谓“万变不离其宗”。无论如何转变，杨澜始终将自己定为“传媒人”，聪慧的她没有偏离做媒体这个大方向。而她的变化就在于她一直在提高自己制定的目标层次。

杨澜在她的《凭海临风》一书中，曾写到了乘坐热气球的魅力：有控制的可能性，又保留了不确定性，所以比任何精确设定的飞行都来得刺激。“其实人生的乐趣也是如此，全在这定与不定之间。”

故事微语

我们的人生好比是一次旅行。如果我们想活得精彩，那就需要精心设计路线。没有规划的人生，就好比漫无目的的旅行。只有经过精心准备的旅行才会让我们领略更多沿途的风景，也只有经过规划的人生才会让我们感受更多无与伦比的精彩。

弗洛伊德曾经说过：“人生就像弈棋，一步失误，全盘皆输，这是令人悲哀之事；而且人生还不如弈棋，不可能再来一局，也不可能悔棋。”

在社会这个大舞台上我们该扮演何种角色、过怎样的生活，都应该由我们自己来掌控，每个人都应该是自己人生道路的规划者。

在人生的道路上，我们不仅要明确自己目前的处境，还要选择好自己下一步所要迈出的方向。只有这样我们才能正确地进行人生规划，也只有这样，我们才会步入成功的殿堂。

心灵箴言

对搞科学的人来说，勤奋就是成功之母！

——茅以升

攀登科学高峰，就像登山运动员攀登珠穆朗玛峰一样，要克服无数艰难险阻，懦夫和懒汉是不可能享受到胜利的喜悦和幸福的。

——陈景润

科学的灵感，绝不是坐等可以等来的。如果说，科学上的发现有什么偶然的机遇的话，那么这种偶然的机遇只能给那些有素养的人，给那些善于独立思考的人，给那些具有锲而不舍的精神的人，而不会给懒汉。

——华罗庚

注重细节，努力做到尽善尽美

故事话题

一个老师给学生们讲了一个故事：

德国有一家服装厂，所生产的手套都在附近的城市销售，销量一直平稳。

有一年，这家服装厂的老板得知不远的地方新建了一家专门生产手套的小厂，因为这个小厂业务量不大，对他们似乎也造不成什么影响，就不太在意。

但是，一年后，这家服装厂的老板发现：自己工厂所生产的手套在市场上不吃香了，而那个小厂生产的手套几乎占领了全部的市场份额……

老师问："你们猜猜，这是什么原因造成的呢？"同学们七嘴八舌地列举了许多理由，老师对同学们的部分答案表示肯定，但依然鼓励大家继续猜。

10 分钟后，教室里面没有任何声音了。老师神秘地笑了，说："手套里有一个微小的数字，决定了它是否更讨人喜欢……"

原来，新建的那家小厂生产的手套，即使同一双，大小也有所区别：因为大多数人是右撇子，右手通常比左手大 4%。所以，这种大小不一的手套，戴起来会更舒服！

老师继续对同学们说："这个 4%的区别，使小厂获得了几乎全部的手套市场份额——听起来是不是很有意思？记住，以后要注重细节，它们有时能决定事情的成败！"

故事解析

俗话说：“祸患常积于忽微，而智勇常困于所溺。”“泰山不拒细壤，故能成其高；江河不择细流，故能就其深。”细节往往能决定成败。我们唯有脚踏实地，注重细节，努力做到尽善尽美，方能成功。

老子曾经说过：“天下难事，必成于易；天下大事，必做于细。”让我们用细节做基石，来建造自己的人生大厦吧！

成功者之所以会成功，往往与他们注重细节有着莫大的关系。培养注重细节的习惯，提高善抓细节的能力，才能在成功的道路上少走些弯路，少出些纰漏，才能稳操胜券。

故事穿越

杰瑞当年大学毕业后，到一家汽车公司应聘，另外三四个与他同时去应聘的人学历都比他高。杰瑞觉得自己几乎没有什么希望了，但既然来了，怎么着也得试一试。

在杰瑞敲门走近公司的办公室时，看见地上有一张废纸，便弯腰把它捡起来，顺手丢到了纸篓里，接着他走到董事长办公桌前说："我是来应聘的杰瑞。"董事长对他说："非常好，杰瑞先生，你已经被我们录用了。"这让杰瑞感到十分意外，董事长便接着说："你的学历确实没有前面那些人高，而且他们都仪表堂堂。但他们的眼里只看得见大事，看不见小事。而只能看见大事，却忽略小事的人是不会成功的，因此我才录用你。"

杰瑞就这样进了这家公司。后来杰瑞果然做得很出色，而且也做到了董事长的位置。

故事微语

俗话说：“天下难事，必成于易；天下大事，必做于细”，“千里之堤毁于蚁穴”，我们对细节的重要性也应该有较深刻的认识。培养注重细节的习惯，是个人与企业共同发展的必然要求。

在日常生活中，有一些事情，常常是因其“小”而被人忽视；因其“细”也遭人不屑。但就是这些小事和细节，往往是事情进展的关键和突破口，是关系到成败的双刃剑。我们要培养自己注重细节的能力，尽量将事情做到尽善尽美，才能离成功越来越近。

心灵箴言

大礼不辞小让，细节决定成败。

——汪中求

把每一件简单的事做好就是不简单，把每一件平凡的事做好就是不平凡。

——张瑞敏

古往今来，凡成就事业，对人类有所作为的，无不是脚踏实地，艰苦登攀的结果。

——钱三强

我们每个人手里都有一把自学成才的钥匙，这就是：理想、勤奋、毅力、虚心和科学方法。

——华罗庚

在艺术上我绝不是一个天才。为了探求精深的艺术技巧，我曾在苦海中沉浮，渐渐从混沌中看到光明。苍天没有给我什么独得之厚，我的每一步前进，都付出了通宵达旦的艰苦劳动和霜晨雨夜的冥思苦想。

——范曾

找准位置，发挥自己的优势和特长

故事话题

在一家工厂中，有一天临下班时，一个男孩找到杰克，说是机器上的一个螺母掉了，让杰克去装一下。杰克随口答应，然后拿着扳手、钳子等工具和一大铁盒新旧不一、型号各异的螺母，去了男孩所在的那个操作间。刚要动手时，下班的铃声骤然响起。杰克想，机器并没有什么大毛病，只不过是需要换一个螺母，还是不要把手弄脏了，明天上班时再换吧。

次日刚上班，杰克便带着所有的工具到了那个男孩的操作间，意外地，他看到那个男孩的机器旁边正站着工厂的老板。

“你必须在两分钟之内让机器恢复运转！”老板发怒道。

杰克心想：“两分钟换一个螺母，这实在是太容易了，其实连一分钟都用不到。”却不料，一盒子的螺母竟然没有一个是与螺丝的尺寸、型号搭配得当的，他陷入了尴尬的沉默之中。

老板一字一顿地说：“对于这台机器而言，只有那个与螺丝吻合得天衣无缝的，才能叫作螺母，其他的只能叫作废铁，现在你盒子里装的全是一块一块的废铁，没有一个‘螺母’。工厂就好比这台机器，工人就如同一个简单而不可或缺的‘螺母’。”

故事解析

在适合的工作岗位上工作的员工就是一颗公司的“螺母”，反之，对公司而言，也不过是一块毫无用处的废铁。因此，在工作的分工上，一定要找准自己的位置。我们要始终保持清醒的认识，找到一个最适合自己发展的位置上，像螺丝钉一样深入下去，才能取得最后的成功。

一个人在选择自己的职场位置时，应该找出可以最充分地发挥自己的才能的位置，能够最大限度地实现自我的价值，只有在这样的位置，才能充分挖掘你的潜能，促进你的发展。

故事穿越

李绍唐曾说：“我要奉劝年轻人，进入了社会，什么时候你该离开，什么时候你知道有没有前途，你要敢于敲你老板的门。”这其实也是李绍唐的事业能够取得成功的真实总结。

李绍唐高中毕业后考取了台湾淡江大学的数学系，成绩名列前茅。他想：毕业以后自己要从事什么职业呢？当老师？当学者？这些都不是他想要的。

李绍唐的父亲早逝，清贫的家境让他从小就下定决心，将来一定要“赚大钱”。于是，第二年，李绍唐打算转入英文系。系主任问他转系的原因时，他坦言：“我以后要赚大钱。”系主任笑着对他说：“那你应该去念国贸系。”之后，李绍唐果真转到了国贸系，他决心要在商界努力打拼。

大学毕业后，李绍唐的许多同龄人都到了美国留学，尽管李绍唐的托福和 GRE 成绩都很高，但于他而言，家庭的财务状况难以承担求学的费用，因此他没有去美国的打算，只是努力地找工作，想尽快摆脱贫穷。

李绍唐把求职目标锁定于外企，因为“那里薪水高，工作也比较稳定”。他做了 20 份履历表，都投向了著名的美商公司。最后，他被 IBM 录取了。

进入 IBM 后，每隔 3 个月，李绍唐都会主动去老板的办公室问："我哪里表现不好？我怎么做才能做到甲等考绩？怎么做才能做到 A+？"在李绍唐的主动下，老板开始留意这个"穷小子"，渐渐地放手交给他一些重要的工作去做。李绍唐从来没有让老板失望过，凭着出色的工作成绩不久之后便被升任高管。

在离开 IBM 后，李绍唐又担任了甲骨文（中国）华东区及华西区董事总经理，2005 年 10 月李绍唐加入多普达任 COO，2006 年 3 月任多普达 CEO 兼总裁。李绍唐的成功，与其能够一开始就明白自己想要什么，并找准自己的位置有着莫大的关系。

故事微语

能否对自己作出准确的定位，直接影响着一个人成功与否以及他获取成功的速度，也决定了他的命运和前途。在工作中，每个人都必须找准自己的位置。这是因为，合理分工是合作的前提，每个人都做适合自己的事才能高效地完成工作。

人生路漫漫，在前行的路上我们也许会迷失方向，也许会被迷雾和错误的路标误导，使我们不得不停止前进的脚步甚至会朝反方向走去。此时，我们只有找准自己的位置，才能走在正确的路途上，从而到达成功的彼岸。

心灵箴言

天行健，君子以自强不息。

——《周易·乾》

流水不腐，户枢不蠹，民生在勤。

——张少成

勤能补拙是良训，一分辛劳一分才。

——华罗庚

不找借口，具有高度的责任心

故事话题

莱茵斯是公司里的一位老员工了，以前专门负责跑市场，深得上司的器重。只是有一次，他因为疏忽，将手里的一笔业务让别人捷足先登了，造成了很大的损失。事后，他解释了失去这笔业务的原因。那是因为他的头痛发作，比竞争对手迟到半个钟头。领导因为不想让他难堪，也就没再追究这件事情。

以后，每当领导要他出去联系有点棘手的业务时，他总是以他的头痛发作，不能胜任这项工作作为借口而推诿。

其实，莱茵斯确实有点头痛，但是情况并不是很严重，根本不影响他的工作。

第一次，领导比较理解他，原谅了他。莱茵斯好不得意，他认为领导这是太器重自己的缘故。

但如果有比较好揽的业务时，他就会跑到领导面前，说自己的脑袋有问题，要求领导在业务方面有所照顾，比如就易避难、趋近避远，如此种种，他很大一部分的时间和精力都花在如何寻找更合理的借口身上。碰到难办的业务时就会以头痛发作为理由推掉，好办的差事能争就争。时间一长，他的业绩直线下滑，没有完成任务他就谈起自己的头痛。总之，他现在已习惯因头痛的问题在公司里可以迟到，可以早退。但是，不久之后莱茵斯被炒了。

故事解析

人的一生仅仅三天而已。昨天已经过去；今天就在我们的手中；明天即将到来。我们应该珍惜现在，不为任何失败找借口，而是努力地站起来，奋斗下去，战胜失败和横在我们身边的困难。

在我们不停地向目标靠近的时候，总会有累的时候，这时，不要给自己任何借口，让自己学着坚强起来，提升自己的责任心，用勤奋奏响胜利的号角，不再惧怕和彷徨。

故事穿越

亚尔弗列得在第一次奉命前去某外地服役的时候，接到了上司指派给他的一个任务，这个任务包括七件事：去见一些人；请示上级一些事；申请某样东西，其中包括地图和当时严重缺货的乙酸盐；等等。

一经委派，亚尔弗列得立刻向上司保证，他会把七件事情都完成，虽然他还没有时间思索应该怎么去做。

果然，像上司所担心的那样，各件事情都不太顺利，其中乙酸盐的申请环节最为不顺。为了兑现自己的承诺，亚尔弗列得滔滔不绝地向负责补给的人员说明理由，希望他能够从仅有的存货中拨出一点给自己。看乙酸盐的负责人就是不同意，亚尔弗列得就一直缠着他讲了下去，最后，不知道是从亚尔弗列得的讲述中得知了乙酸盐的重要性，还是实在被搞烦了，乙酸盐的负责人终于批准了他的请求。

当圆满完成任务的士兵亚尔弗列得前去上司办公室复命时，颇感意外的上司居然一句话也说不出来。因为在他的意识里，在如此短的时间内同时做完那七件事是不可能的。或者也可以说，即使不能完成任务，他也不会怪罪亚尔弗列得，时间问题倒是其次，关键是申请乙酸盐几乎是不可能的。要知道在此之前，已经有不计其数的申请者“惨败而归”了。

“你是怎么做到的？难道你就没想到会遇到很多困难吗？”愣了半天之后，上司终于问道。

“不可能？怎么会不可能呢？这是你交给我的任务啊？而且我也已经

向您保证了会完成。”亚尔弗列得回答道。

“我知道这件事很可能会完不成，所以早就准备好了听你的任何借口，不想……”

“借口？”不等上司说完，亚尔弗列得很惊讶地重复道，“我没有想过要找什么借口，我只想怎么把乙酸盐要来。”说到最后，亚尔弗列得几乎在自言自语了。

“我知道了！”上司忽然明白了什么似的说道，“正因为你没有想过找借口，你才办到了这件事！”

后来，从不为失败找借口的亚尔弗列得一直升到了上校。

故事微语

同学们，我们也不要把宝贵的时间和精力浪费在寻找借口上，借口改变不了结局。然而，一旦养成找借口的习惯，便会很难再获取成功。不找借口，可以激发一个人的潜能。无论你是谁，在生活中，只有做到不找借口，才能离成功更近一步！

不找借口，生活中的你将热情洋溢，可以抓住希望的翅膀翱翔；不找借口，在遇到困难的时候才不会找借口为自己开脱，而是会积极地去面对这些困难。让我们用激情去成就自己，远离借口，迈向成功。

心灵箴言

合抱之木，生于毫末；九层之台，起于垒土；千里之行，始于足下。

——老子

我在科学方面所做出的任何成绩，都只是由于长期思索、忍耐和勤奋而获得的。

——[英] 达尔文

骐骥一跃，不能十步；驽马十驾，功在不舍；锲而舍之，朽木不折；锲而不舍，金石可镂。

——荀况

第二篇

挖掘潜能：在前进的途中突破自我

每个人都有被挖掘的潜能，而勤奋就是挖掘这些潜能的铁锨。我们要想在前进的途中不断地突破自我，就要激情饱满地面对我们的生活。只有勤奋才能让我们卓越不凡，同学们，行动起来吧！

创造价值，用勤奋打造卓越

故事话题

孩提时代的达·芬奇聪明伶俐，勤奋好学，兴趣广泛。达·芬奇从小就展现出了绘画天赋，他画的小动物栩栩如生、活灵活现。5岁的时候，他就能凭记忆在沙滩上画出母亲的肖像。

可在达·芬奇刚开始跟老师佛罗基奥学习绘画的时候，佛罗基奥就只拿来一个鸡蛋让他画，一连好多天都是如此。达·芬奇终于不耐烦了，问老师原因，老师严肃地说："你以为画鸡蛋很容易？要知道，在1000个鸡蛋中，没有形状完全相同的，每个鸡蛋从不同的角度去看，形状也不一样。我让你画鸡蛋，就是要训练你的眼力和耐心，使你能看得准确，画得熟练。"

达·芬奇听从了老师的话，开始用心画鸡蛋。他发现，即使是同一个蛋，由于观察角度不同、光线不同，它的形状果然不一样。从此以后，达·芬奇在画室里静心地研究鸡蛋的明暗变化关系，他画了一张又一张的鸡蛋素描，练就了绘画的基本功，并发现了明暗渐进画法。他废寝忘食地训练，夜以继日地学习各类艺术与科学知识，为他以后在绘画和其他方面取得卓越的成绩打下了坚实的基础。

达·芬奇在他的老师佛罗基奥的工作室里度过了6个年头，成长为欧洲文艺复兴时期杰出的代表。

故事解析

爱迪生说："天才是99%的汗水加1%的灵感。"一句话道出了天才之所以成为天才的真谛。达·芬奇用他勤奋的一生书写了一个伟人的传奇。有人说他是天才，但是他的"天才"称号是他用勤奋争取来的。

卡耐基认为：对于想成大事的人来说，勤奋是最好的资本。只要你足够勤奋就能开发自己的潜能，发现自己的强项。任何一点点进步都是来之不易的，任何伟大的事业更不可能唾手可得。许多著名的科学家和艺术家的一生就是顽强拼搏、勤奋刻苦的一生。

故事穿越

贝多芬是德国著名的音乐家，然而他初学音乐的经历是痛苦的。由于母亲去世，父亲嗜酒如命，毫不顾家，加上两个弟弟年龄小，照料家庭的重担落在了贝多芬的身上。他只得用自己的勤奋努力来养家糊口。

除此之外，强烈的求知欲促使着贝多芬对知识的求索。他设法到波恩大学旁听伦理哲学课，学习古典文学，阅读莎士比亚、歌德、席勒等人的作品，用知识来丰富自己。

1824年5月7日，贝多芬带领他的乐队演奏了他自己创作的《第九交响曲》。演奏完毕，他们所在的演出地区——维也纳的晚会会场响起了震耳欲聋的掌声，而贝多芬却没能听到这鼓舞人心的声音，原来当时贝多芬已经失聪了。

贝多芬面对这严酷的打击，并没有被击倒，他从痛苦中站了起来，他的心又重新充满了希望和力量，他说："我要向命运挑战！我要扼住命运的咽喉，不让它毁灭！"从此，他更加努力地编写乐曲，奋发向上。就这样，贝多芬创作了大量令人称绝的交响乐，以及其他一些音乐作品，成为了一名举世闻名的音乐家和作曲家。

故事微语

勤奋成就梦想，再美好的愿望如果不付诸行动，不勤奋努力，也只是空想。贝多芬是天才，但更可贵的是他勤奋的品质。

任何一件事情的成功都来自勤奋和不懈的努力。“勤奋出天才”。只要我们不懈努力，认准一个“勤”字，生活和学习中的许多困难都会迎刃而解。早动手、勤动手，将自己的先天不足用勤补回来。如果不通过自己的努力与勤奋，再美的想法也只能是空想。

大多杰出的发明家、艺术家、思想家和各种著名的工匠，他们之所以能成大事，在很大程度上都归功于非同一般的勤奋努力。谁能不停止勤奋的脚步，谁就能够发展自己的强项，挖掘自己的潜能，成就自身的伟业。

心灵箴言

才能的火花，常常在勤奋的磨石上迸发。

——[德] 凯瑞·李卜克内西

天才出于勤奋。

——[苏联] 高尔基

没有加倍的勤奋，就既没有才能，也没有天才。

——[俄] 门捷列夫

打破纪录，你也能成为冠军

故事话题

北京奥运会上，苏格兰男子克里斯·霍伊夺得了三枚金牌，分别来源于自行车凯林赛、团体竞速和争先赛。他由此而成为了英国百年来唯一一位在一届奥运会中获取 3 枚金牌的运动员。

埃塞俄比亚的迪芭芭在北京奥运会上同样也打破了纪录，她将曾经的万米银牌镀成了金色——29 分 54 秒 66，她创造了新的奥运会纪录和非洲纪录。迪芭芭在国内参加着异常艰辛的训练：没有专门的长跑训练场，训练经常要翻山越岭，有时甚至会碰到一些危险动物。因为没有足够的食物，迪芭芭甚至曾饿着肚子训练，也曾因为没钱买鞋而赤脚比赛。但是她就这么坚强地跑着，跋山涉水，“跑”到了北京奥运会。

故事解析

在每个打破纪录的运动员身上，我们都能看到一种可贵的品质，那就是：勤奋。在这优异成绩的背后，隐藏着数不清的汗水和泪水。世界上并不会有无缘无故的成功，也不会有无缘无故的失败。

我们也要像这些运动员学习，不要做温室中的花朵，勤奋起来，勇敢地用拼搏成就自己的未来；用努力换取丰收的果实；用汗水浇灌梦中的理想。相信在不远的将来，我们也能成为一个“冠军”，拿到属于自己的奖牌，拥有自己的骄傲。

故事穿越

我国乒坛名将邓亚萍常以凌厉的抽杀，让对手猝不及防，尽管她身材不高，但比赛的时候步伐灵活，技术高超。也因此如愿以偿站上了世界冠军的领奖台。在邓亚萍的运动生涯中，共夺得了18枚世界冠军奖牌，连续2届4次奥运会冠军，成为第一位蝉联奥运会乒乓球金牌的运动员。

要想知道邓亚萍的成功奥秘，最好看看她的训练。她常常穿一双又大又厚的“怪鞋”进行训练，“怪鞋”上还绑着厚厚的黄布袋，里边装着沙子。平常人穿着它，走上百来米就会大汗淋漓，而邓亚萍却要穿着它进行大运动量的训练。这种“自讨苦吃”的训练方法，使邓亚萍腿部力量加大，使她的步伐也变得更加灵活。

故事微语

邓亚萍在付出了艰辛的努力之后，终于成为第一位蝉联奥运会乒乓球金牌的运动员，她的成功归功于她的勤奋。

成功并不神秘，成功者只是充分挖掘了自己的潜力。当然，在成功者们所有这些共同点中，最为突出的是他们都付出了辛勤的劳动。他们的成功之路是用汗水铺就的，成功垂青那些勤奋者，成功的纤绳掌握在我们自己的手中。

只有你珍惜时间，不断付出的汗水和辛劳最终才会开花结果，你将拥有成功而幸福的微笑。叹息无用，唯有勤劳奋斗最现实。

心灵箴言

勤奋不是嘴上说说而已，而是要实际行动。

——邵炜扬

开创伟大事业的是天才，完成伟大事业的是辛苦。勉之期不止，多获由力耘。

——欧阳修

不要死气沉沉，要有积极的人生态度，不要受了点挫折就想不开，人生最尊贵者莫过于生。

——方海权

成就不凡，将自己打造成“金子”

故事话题

著名企业家翁锦通先生应邀在中山大学为大学生作演讲，介绍他自己如何从杂役、学徒、管理员一直跻身实业界成为大企业家的坎坷经历。

翁先生告诉在场的大学生们：我今天的成功全靠自己一生吃大苦、耐大劳闯出来的。因此，翁先生自称“是从泥里站起来的孩子”，这位企业家的创业精神使台下大学生们感动得掉下了眼泪。

翁锦通先生认为年轻人不要只羡慕他今天的财富和地位，更要明白一个人究竟应当靠什么，才能正正当当地获得成功。

翁先生不仅自己这么去实践，而且还给儿孙定了一条家规，即“三勤四不懒”，“三勤”是指勤于守时、勤于守职、勤于创造；“四不懒”是指：脑、口、手、脚一概不能有丝毫懒惰。

“三勤四不懒”中最主要的一个思想，是“勤”字，要日日勤劳，永远勤劳。更为可贵的是，翁先生认为勤劳必须包括“勤于创造”，而且应该是脑、口、手、脚都得勤。可见，翁锦通先生的成功之路以及他的家规“三勤四不懒”，包含着一条真理——成功是勤劳的奖赏！

故事解析

翁锦通先生用自己的勤奋获取了巨大的成就，也因此成为万人瞩目的企业家。这个“从泥里站起来的孩子”用自己的勤奋，换来了成功，也书写了自己的华丽人生。成功是勤奋的奖赏，只有踏实努力的人才能成就不凡。

俗话说：“一分耕耘，一分收获”。一个人所获得的报酬和成果，与他所付出的努力有着极大的关系。如果我们也想收获更多，那么就要勤奋努力，不断进行自我突破，不断地挖掘自己的潜能。

故事穿越

东汉时期的王充是我国古代杰出的思想家和哲学家。他少年时就失去了父亲，家里很穷。但他很有志气，酷爱学习，在他 20 岁的时候，乡里保送他到全国最高学府太学去学习。

在太学里，为了弄清老师讲的东西，他就把讲课时提到的书都找来阅读，太学里的书差不多都读遍了，可依然满足不了他的学习需要，去买书学吧，家里实在困难。于是，他便把书铺当作自己的书房，整天钻在里面，孜孜不倦地读。

不管是酷暑严寒，还是刮风下雨，王充每天都会早早来到书铺，帮人家干零活，然后读书。有时在书铺里一站就是一整天，吃饭、休息全部都忘了。他读完了这家书铺里的所有的书，又跑到那家书铺去读。

王充几乎读遍了街市上所有的书铺。由于他的刻苦学习，积累了丰富的知识，成了我国历史上著名的学者。他写的有 20 万字的《论衡》，充满了朴素的唯物主义思想，在今天仍然有很高的价值。

故事微语

要想成就不凡，就必须要学会勤奋。王充在自己的努力之下，终于将自己打造成了“金子”。和王充一样，许多学者在成才的过程中，勇于克服种种困难，终于取得了巨大的成就。

博学源于勤奋忘我的读书。只要我们在学习上舍得用功夫，就必定能够用辛勤的汗水浇灌出理想之花，获得真才实学。一个人只有不断努力，刻苦学习，才能成就非凡，从现在起，让我们像王充一样勤奋努力，用知识来充实自己，用汗水来浇灌理想，相信在不断地积累之下，我们也一定能够取得闪耀着光芒的“金子”。

心灵箴言

成大事者，争百年，不争一息。

——冯梦龙

对搞科学的人来说，勤奋就是成功之母！

——茅以升

本来无望的事，大胆尝试，往往能成功。

——[英] 莎士比亚

世界是归强有力者管辖的，应当做强有力者，应当超于一切之上。

——[法] 莫泊桑

攀登科学高峰，就像登山运动员攀登珠穆朗玛峰一样，要克服无数艰难险阻，懦夫和懒汉是不可能享受到胜利的喜悦和幸福的。

——陈景润

自强不息，实现理想的基石

故事话题

美国前总统克林顿之所以能成为美国总统，与他个人的勤奋有着很大的关系。

克林顿在出生前 4 个月，父亲就死于车祸。他的母亲因无力养家，只好将出生不久的他托付给自己的父母抚养。童年的克林顿深受外公和舅舅的影响。他坦言自己从外公那里学会了忍耐和平等待人，从舅舅那里学到了说到做到的气概。

坎坷的童年生活，使克林顿养成了尽力表现自己来争取别人喜欢的性格。他在中学时代非常活跃，总是积极地参与班级和学生会的活动，培养了自己较强的组织和社会活动能力。他是学校合唱队的主要成员，并被乐队指挥定为首席吹奏手。

1963 年夏，克林顿在“中学模拟政府”的竞选中被选为参议员，并因此而被应邀参观华盛顿，这使他有机会看到了“真正的政治”。参观白宫的时候，他得到了肯尼迪总统的接见，不但同总统握了手，还和总统合了影作纪念。

克林顿在此后的 31 年里，一直紧紧围绕着“成为总统”的目标。上大学时，克林顿先读外交，后读法律——这些都是政治家必备的知识修养。离开学校后，他继续奋斗：律师、议员、州长，最后终于达到了自己最初的目标：总统。

故事解析

自古以来就有天道酬勤、自强不息的道理。无论在什么情况下我们都要做到自强不息。在人生低谷时，我们要相信自己，告诉自己前方充满了希望，奇迹会在不经意间出现。在人生的高潮时，要给予自己警戒，不骄傲、不自满，处在顺境时依然要奋发图强，努力勤奋。

人生当自强，我们需要有谦虚谨慎严谨务实的态度，须知宝剑锋从磨砺出，梅花香自苦寒来。生命之所以美丽，是因为自强不息。只有勤奋才能使生命保持活力，进而为心中的梦想而奋斗。

故事穿越

约翰·沃纳梅克出身贫寒，他只有有限的机会来接受教育和获取知识。然而，他是一个自强不息的人。

起初，约翰·沃纳梅克在费城做了一名书店售货员，每天都要徒步4英里去上班。尽管报酬很低，每周仅有20美元，但他总能尽心尽力地对待自己的工作，每天把柜台擦得干干净净，把书籍摆放得整整齐齐，并且时刻带着微笑面对每一位顾客。

同时，约翰·沃纳梅克也利用业余时间，从书中不断汲取知识的琼浆来充实自己，他这种勤奋刻苦的精神感动了许多人。

后来，约翰·沃纳梅克又进入一家制衣店工作，每周多加了20美元的工资。他更加刻苦努力地工作，到了40多岁的时候，约翰·沃纳梅克成了一个颇有成就的商人。

故事微语

哈佛学子中流传着一句话：“现在流淌的口水，将成为明天的眼泪。”在生活中，只有那些在艰苦探索的过程中自强不息的人，才有可能取得令人瞩目的成就。

自强不息不仅是一种精神，也是一种动力。在这个世界上，只有自强不息的人才能坚持不懈地去实践，去奋斗，进而成就了自己的辉煌。勤奋是走向成功的必备条件。同学们，想一下自己心中的理想或目标，坚持去奋斗，不要惧怕任何困难，相信自强不息的人总会取得大成就。

心灵箴言

自信与自靠是坚强的柱石。

——英国谚语

强者容易坚强，正如弱者容易软弱。

——[美] 爱默生

伟大人物最明显的标志，就是坚强的意志。

——英国谚语

只有刚强的人，才有神圣的意志，凡是战斗的人，就能取得胜利。

——[德] 歌德

苦和甜来自外界，坚强则来自内心，来自一个人的自我努力。

——[德] 爱因斯坦

积极进取，挥洒生命的激情

故事话题

当 13 岁的松下幸之助还在做学徒的时候，便想独立销售一辆自行车。可是，当时自行车是高价商品，即使有人想买，也轮不到像松下这样的小徒弟一人去销售，他最多的机会就是陪同伙计去送车。

但幸运之神还是降临了，一天，一位客户的伙计打来电话：“送一辆自行车给我们看看。我们老板现在就在这里，马上送来！”刚好其他伙计都不在，松下的老板对他说：“看对方很着急，无论如何，你先送一辆过去吧。”松下听了，认为这是一次锻炼自己的好机会，便精神百倍地将自行车送到了客户那里。松下虽然只是一个学徒，但仍然很认真地向对方的老板介绍了自行车的各种性能。

因为松下当时的年龄还很小，所以人家都把他当作可爱的小孩。老板摸摸他的头，说：“你很热心，是个好孩子。好吧，我决定买下这辆自行车，不过要打 9 折。”

因为太兴奋了，所以，松下立即就回答说：“我回去问老板！”说完就跑去告诉自己的老板：“对方愿意打 9 折买下来。”

老板却说：“打 9 折怎么可以呢？算 9.5 折好了。”

这时候，松下一心一意地想要这次销售的成功，很不愿意再跑一次去说 9.5 折。于是，他对老板说：“请不要说 9.5 折，就以 9 折的价钱卖给他吧。”说着竟然哭了起来。

老板感到很吃惊，问他：“你到底是哪方的店员呢？你怎么了？”

松下依然哭个不停。

过了一会儿，对方的伙计来到店里，问："怎么样了？可以减价销售了吗？"

老板说："松下回来让我打 9 折卖给你们，说着竟哭出来了。我现在正在问他，到底是谁家的店员呢。"

伙计听后，被松下的热心感动了，立刻去将这件事情告诉了他的老板。

那位老板说："他是很可爱。看在他的份儿上，就按照 9.5 折买下来。"

这是松下第一次成功的销售，它的成功就源于他的积极进取和他对自己工作目标的一份激情与热忱。在此后的时间里，松下幸之助创办了松下电器公司，凭借着这种工作精神，成为了日本经营之神。

松下在谈到自己公司的员工标准时，说："我从不爱用那些抱怨环境，抱怨职务、待遇与自己的才能不相称的员工。我所喜欢的员工都是对工作充满了激情和热忱，充满了责任心的员工，这种员工也许本身能力并不是很出色，但他们在工作中踏实、肯干，对自己的工作不挑剔，真正能在工作上花力气，遇到困难和麻烦不会退缩。"

故事解析

查尔斯·施瓦布曾经说过：“一个人，当他有无限热情时，就可以成就任何事情。”一个人如果积极进取、充满激情，那么无论他在什么公司工作，无论他在工作中遇到多大的困难，他都会始终一丝不苟、不急不躁地去完成它。

同样一份工作，由有激情和没有激情的员工来执行，效果是截然不同的。充满激情的人能把工作干得非常出色，创造出许多辉煌的业绩；而没有激情的人，对工作会很漠然，甚至连自己正常的能力都发挥不出来。

故事穿越

我国青年数学家陈景润为了摘取“皇冠上的明珠”，解决“哥德巴赫猜想”，坚持每日凌晨3点起床学外语。他每天都会去图书室，将自己沉浸在数学海洋之中。

有好几次中午，管理员在临走时曾大声问，图书馆里是否还有人，但正在全神贯注看书的陈景润却没有听见，于是他被反锁在了图书馆。后来他望着那紧锁的大门，毫不在意地微笑了一下，竟又不知疲倦地继续读起书来。

陈景润在这种激情中，摘取了“皇冠上的明珠”，成为著名的数学家。

故事微语

只有积极进取的人才会有挥洒不完的激情，他们努力、上进，他们是勤奋的化身，他们在不懈的努力下，取得了一次次伟大的成就，也在这种激情之下，挖掘了自己的潜能，找到了适合自己的舞台。

我们正值青春年华，也要向陈景润学习，做一个有激情的人，在勤奋的努力下，用自己的汗水和劳动来换取成绩。但勤奋并不等于蛮干，也要讲求方法，只有方法适当，才能取得事半功倍的效果。

心灵箴言

好学而不勤问，非真好学者。

——童第周

天才就是这样，终生劳动，便成天才。

——[俄] 门捷列夫

卓越的人一大优点是：在不利与艰难的遭遇里百折不饶。

——[德] 贝多芬

科学的灵感，绝不是坐等可以等来的。如果说，科学上的发现有什么偶然的机遇的话，那么这种“偶然的机遇”只能给那些学有素养的人，给那些善于独立思考的人，给那些具有锲而不舍的精神的人，而不会给懒汉。

——华罗庚

第三篇

贵在坚持，求知者绝不放弃

坚持不懈是一种可贵的品质，自古以来就有“活到老，学到老”的说法，而学习是一个循序渐进的过程，欲速则不达，我们不要急于求成，但要持之以恒，当失败来临的时候，告诉自己：“一切都能重来!”

坚持不懈，活到老就要学到老

故事话题

他出身贫寒，父亲是一名电气工程师，但经常找不到工作。迫于生计，父亲拖着妻儿搬了十几次家。

他 12 岁的时候，父母离婚了，他成为家中唯一的“男子汉”。有一次，他对母亲说：“你们看着吧，我要在 10 年内成为一名出色的演员！”在家人看来，这只不过是戏言，并没人指望他能成为明星。读高中时，他开始尝试拍一些戏剧，后来还辍学去了纽约。在纽约，他每天以面包充饥，寻找每一个试镜的机会。但导演们认为他不够英俊，表演时“热情过了头”。

1981 年，他来到了洛杉矶，获得一部情景剧中一个一闪即过的小角色，但是他并没有因此而获得一分钱的片酬。

1983 年，他出演了 4 部电影，但却遭遇了一连串的挫折，他并没有因此放弃，而是一直坚持着，并不断反思自身的不足，一步步克服和改进。

1986 年，他在一部影片《壮志凌云》中，初获成功，成为一大批美国年轻人心中的偶像。

此后，他又相继主演了几部著名影片，成功地成为了一名成熟影星。几年间，他数度问鼎奥斯卡金像奖、美国电影金球奖。

他就是好莱坞的影视巨星，被《时代周刊》列入“美国伟人”的约翰·克鲁斯。

故事解析

有了梦想，并坚持不懈，才能最终找到真正的自己。古人说“人之学也，或失则多，或失则寡，或失则易，或失则止”，可以说“坚持不懈”是世上最宝贵的精神之一，也是世上最难做到的事情。也正因为宝贵，“坚持不懈”才充满难度，也正因为困难，才更显其珍贵。

无论是一个企业，还是一个人，若能将一个正确的选择、一种好的习惯、一种优势坚持下去，就会获得一定的成就。从这个意义上来说，坚持不懈就是一切成功的前提，让我们坚持不懈地去奋斗吧！

故事穿越

在荷兰代尔夫特市有一个初中刚毕业的年轻人，在小镇上找到一份替镇政府看门的工作。他一直守着这份工作坚持了60多年，没有再换过，也没有离开过这个小镇。

因看门工作较为轻松，时间宽裕，并且还能接触到许多不同的人。一次偶然的机会，他从一个朋友那得知阿姆斯特丹市有很多眼镜店，不仅磨制镜片，还磨制放大镜，并对他说：“用放大镜，能够将看不清的小东西放大，从而让你看得清清楚楚，奇妙极了。”年轻人对此产生了浓厚的兴趣。由于放大镜价格昂贵，而磨制放大镜的方法又不神秘，所以年轻人决定自己动手来磨制放大镜，这样既能打发时间又满足了自己的兴趣。

他专注、细致地开始磨制放大镜，这一磨就是60年，锲而不舍。年轻人的坚持不懈，使得自己的技术越来越纯熟，甚至超过了专业技师，他所磨出的复合镜片的放大倍数比其他人的都要高。年轻人借着自己研磨的镜片，发现了当时科技还不知道的另一个丰富多彩的世界——微生物世界。之后，年轻人声名大振，虽然他只有初中文化，但却因此被授予了巴黎科学院院士的头衔。而俄国的彼得大帝、英国女王也曾慕名到小镇拜访过他。

创造这个奇迹的年轻人，即科学史上鼎鼎大名的荷兰科学家列文虎克。他踏踏实实地将手中的每一片玻璃磨好，将毕生的心血用于每个平淡无奇细节的完善，最终迎来了生命中的曙光，也为科学界带来了更为广阔的前景。

故事微语

人类几乎所有的成功，都是坚持不懈的结果；人类几乎所有的创造，都是坚持不懈的作用；人类几乎所有的竞技，都是坚持不懈的较量。一花一世界，一叶一菩提，你若能将手中的小事情做到完美境界，相信成功离你也不远了。

荀子在《劝学》中系统阐述了正确的学习态度与方法，即要循序渐进，不断积累，也要坚持不懈。坚持不懈不但是一种正确的学习态度，而且是一种可贵的精神品质。

心灵箴言

天才绝不应鄙视勤奋。

——[罗马] 小普林尼

智慧源于勤奋，伟大出自平凡。

——谚语

勤奋者废寝忘食，懒惰人总没有时间。

——日本谚语

欲速则不达，学习是个循序渐进的过程

故事话题

子夏是孔子的学生。有一年，子夏被派到莒父去做地方官。临走之前，他专门去拜望老师，向孔子请教说："请问，怎样才能治理好一个地方呢？"

孔子十分热情地对子夏说："治理地方，是一件十分复杂的事。可是，只要抓住了根本，也就很简单了。"

孔子向子夏交代了应注意的一些事后，又再三嘱咐说："无欲速，无见小利。欲速，则不达；见小利，则大事不成。"这段话的意思是：做事不要单纯追求速度，不要贪图小利。单纯追求速度，不讲效果，反而达不到目的；只顾眼前小利，不讲长远利益，那就什么大事也做不成。子夏表示一定要按照老师的教导去做，就告别孔子上任去了。

故事解析

欲速则不达，越是急于达到目标，有时就会离目标越远。每个人的生命就像花儿一样，有的花期早，有的开花晚，有的时间长，有的时间短，但是无论怎样，他们都会在积蓄力量之后爆发出来，在这个世界上留下美。人也一样，有了方向之后要顺其自然，只有先积蓄力量才能开出美丽的花，无论是一朵还是一树，此生都已足够。

每朵花都有自己的春天，没个人也都会有自己的时光，我们要做的就是潜下心来，积蓄力量，等待着时光来检验，若有力量，他就会允许你的生命绽放。

故事穿越

一次，齐景公到东海游玩。突然，一名驿使从都城飞马而来，向齐景公报告：“丞相晏婴病重，危在旦夕，请大王火速赶回，否则难以见上最后一面了。”景公听后，急得霍地一下站起来。这时，又一个驿使飞马而至，催请景公速回。景公万分焦急，高声大喊：“快快准备好车良马，让驺子韩枢为我驾车，火速回去！”

驺子驾车跑了大约几百步，景公心急如焚，嫌驺子驾车的速度太慢了，于是夺过缰绳，亲自赶起车来。他自己驾车驭马行了几百步，又嫌马并不是很卖力地前进，索性弃车，自己徒步跑开了。

故事微语

齐景公弃车跑步，显然不是理智的选择。这时候纵然再着急，也不能被迷失了心智。

有的人的一生总是在忙忙碌碌，似乎是在和时间赛跑。他们在追逐幸福、金钱和权利等，他们会有很多的“理想”，甚至会为了这些理想而走捷径，殊不知，欲速则不达，随遇而安也是一种不错的生活方式，在这样的生活方式下，凡事缓一缓，静一静，等一等，或许成功便会不请自来！

心灵箴言

勤奋和智慧是双胞胎，懒惰和愚蠢是亲兄弟。

——谚语

勤奋的人是时间的主人，懒惰的人是时间的奴隶。

——朝鲜谚语

没有人会因学问而成为智者。学问或许能由勤奋得来，而机智与智慧却有赖于天赋。

——[英] 约翰·塞尔登

永不言弃，每天都向着前方迈进

故事话题

在美国，曾经有一位年轻人，穷困潦倒，然而就在他所有的钱加起来都不够买一件像样的西服的时候，他仍坚持着心中的梦想：做演员，拍电影，当明星。

当时，好莱坞有 500 家电影公司，他根据自己的计划，带着自己写好的、量身定做的剧本前去一一拜访。但走完这 500 家电影公司后，竟然没有一家公司想要聘用他。

面对 100%的拒绝，这位年轻人并没有因此灰心，当从最后一家被拒绝的电影公司出来后，他再次从第一家开始，继续他的第二轮拜访与自我推荐。在第二轮拜访中，他依然遭到了 100%的拒绝。

第三轮的拜访结果和第二轮没有任何区别。这位年轻人咬牙开始了他的第四次行动。当他拜访完第 349 家后，第 350 家电影公司的老板破开荒地答应留下他的剧本先看一下。

几天后，这家电影公司的老板通知年轻人前去详细商谈。就在这次商谈中，这家公司决定投资开拍这部电影，并请这位年轻人担任男主角。

这部电影就是《洛奇》，这位年轻人叫席维斯·史泰龙。

故事解析

有人说，成功与失败在很大程度上取决于个人的意志。心理学研究表明：凡有惊人成就的人，他们身上都会体现出自觉性、果断性、坚持性和自制性。由于完成目标并不是一朝一夕的事情，所以这其中对我们考验最多的就是坚持性。

目标有时遥遥无期，总也望不到头。你也许正在艰难中坚持，只要再坚持一会儿，再加一把劲儿，或许就会豁然开朗。当你拨开迷雾重见阳光的一刹那，你会觉得所受的苦累都是值得的。

故事穿越

有学生问苏格拉底，怎样才能成为像他那样有博大学问的人。苏格拉底听后说："今天我们只学一件最简单也是最轻易的事，每个人尽量把胳膊往前甩，然后再尽量往后甩。"

苏格拉底示范了一遍后，说："从今天起，天天做300下，大家能做到吗？"学生们都笑了，这有什么难的？

过了一个月，苏格拉底问："哪些人坚持了？"有九成的学生骄傲地举起了手。一年后，苏格拉底再次问大家："请告诉我最简单的甩手动作还有谁坚持了？"这时，只有一个学生举起了手。

他就是古希腊后来的另一位大哲学家柏拉图！

故事微语

成就大事固然离不开坚持，点滴小事的完成也离不开坚持。长跑、练书法、早起念英语，看起来都是小事一桩，但若天天去做，日积月累，你就会得到健康的身体、漂亮的字迹、优异的英语口语成绩。天天都坚持做这些事情，收获会让你欣喜不已。坚持最接近于成功的一种状态。

马丁·路德·金曾经说过：“可以接受有限的失望，但是一定不要放弃无限的希望。”为了把希望变成现实，同学们，也让我们坚持下去吧！

心灵箴言

谨慎的勤奋带来好运。

——英国谚语

我可以接受失败，但我不能接受放弃！

——[美] 迈克尔·乔丹

科学是为了那些勤奋好学的人，诗歌是为了那些知识渊博的人。

——[英] 戴维·鲁

我们最大的弱点在于放弃。成功的必然之路就是不断地重来一次。

——[美] 托马斯·爱迪生

艺术的大道上荆棘丛生，这也是好事，常人望而却步，只有意志坚强的人例外。

——[法] 雨果

失败不等于结束，一切都能重来

故事话题

在尧的时候．洪水泛滥，大水冲毁了田园和房屋，人们只能逃到树上和山中居住，无法进行耕种。作为部落首领的尧心急如焚，于是下决心治水，但因年老只能苦心寻找能降服洪水，为民造福的人。

禹是颛顼的孙子，为人勤奋敏捷，聪明能干，深受民众的爱戴。他在接受了尧的命令之后，大禹、伯益和后稷开始了治水的工程。而此时禹刚刚成婚 4 天，他毅然告别了新婚的妻子涂山女，投入了治水大业。

在禹之前，他的父亲鲧也曾治水，采用的是沿河堵截。拦水筑坝的方法在水患不太严重的时候还行，但一旦发生大水，则无济于事，所以治水 9 年，一事无成，最后被杀了。

禹面对如此艰难的局面，并没有气馁，他在认真总结了父亲治水的经验和教训，虚心地向有经验的老人请教后，慢慢地摸索出了疏通河床，开渠凿道，将水引到旷野之中去的方法。

然而，治水谈何容易！当时人们不知道河水的源头、走向和地理环境，如何去疏导洪水呢？于是大禹亲自带人跋山涉水，与野兽和恶劣的自然环境斗，考察山川形势，克服了很多难以设想的困难，总算制定出了制服洪水的方案。

但是治水仍然无法进行。一些异族部落如三苗，拒不合作治水，成为治理水患的严重阻碍。在此种状态下，大禹只好发动战争，征服了三苗。扫清了治水障碍以后，大禹夜以继日地与治水群众一起大干起来。

有一次大禹路过家门，本想去看一下离别几年的妻子，这时从远处走来一群扶老携幼的灾民，禹看到后，毅然转身离开赶往别处治水了。就这样，大禹治水 13 年三过家门而不入，最后终于消除了水患。

故事解析

面对一次又一次的失败，大禹并没有因此被吓倒，而是依然坚持不懈地治水，以至于大腿不长肉，小腿不长毛，吃尽百般苦，才换得百姓拥戴他为王。

人的一生之中，遇到失败是正常的，对于失败，要勇敢地站起来，继续接受挑战。不能因为遇上一点挫折和失败，就怒气冲天，不能忍耐。我们的人生之路还很漫长，难免也会遇到挫折和失败，但是我们不能因此而放弃。我们要将失败当成成功的起点，继续努力奋斗，辛勤耕耘，相信收获成功的季节很快便会到来！

故事穿越

有一个年轻人，从他很小的时候就有一个梦想，他希望自己能够成为一名出色的赛车手。之前他在军队服役的时候开过卡车，这提高了他的驾驶技术。

退役之后，他找到了一份到农场里开车的工作。在工作之余，他仍然坚持参加一支业余赛车队的技能训练。只要遇到车赛，他都会想尽一切办法参加。因为在车赛上得不到好名次，所以，他在赛车上的收入几乎为零，这也使得他欠下一屁股的债务。

那一年，他参加了威斯康星州的赛车比赛。当赛程进行到一半多的时候，他的赛车位列第三，他有很大希望在这次比赛中取得好名次。

突然，他前面那两辆赛车相撞了，于是他迅速地转动赛车的方向盘，试图避开他们。但是由于车速太快而未能成功。结果，他撞到车道旁的墙壁上，赛车在燃烧中停了下来。当他被救出来的时候，手被烧伤了，鼻子也被烧掉了，体表伤面积达百分之四十。医生在给他做了7个小时的手术之后，才将他抢救过来。

经历这次事故，虽然他的命保住了，可是他的手却萎缩得像鸡爪一样。医生告诉他："以后，你再也不能开车了。"

然而，他并没有因此而绝望。为了实现那个小时候的梦想，他决心再一次为自己的梦想负责。他接受了一系列的植皮手术，为了恢复手指的灵活性，他每天都在做不停的练习，用残余的手指部分去抓木条，有时候虽然会疼得浑身大汗淋漓，而他却从来都没有放弃过。他始终坚信自己的能力。在做完最后一次手术之后，他回到了农场，换用开推土机的办法，使自己的手掌重新磨出老茧，并继续练习赛车。

仅仅是在事故的9个月之后，他再次重返赛场！他首先参加了一场公益性的赛车比赛，但没有获胜，因为他的赛车在中途意外地熄了火。不过，在随后的一次200英里的汽车比赛中，他获得了第二名的好成绩。

两个月之后，他满怀信心地再次来到了上次发生事故的那个赛场上。经过一番激烈的角逐，他最终赢得了250英里比赛的冠军。

他就是美国颇具传奇色彩的赛车手——吉米·哈里波斯。当吉米第一次以冠军的姿态，面对热情的观众时，他流下了激动的眼泪。

故事微语

吉米·哈里波斯在一次次的挫折和失败面前，选择了重新来过。没有什么可以击败我们，除了我们自己。只要我们对自己有信心，敢于坚持，就一定会迎来胜利的曙光。

同学们，人生路漫漫，我们所做的事情不可能总是成功的，“一帆风顺”只不过是大家的一个美好心愿而已，只有充满激情地面对每一天，不惧怕失败，当失败来临的时候，放松心态，重新来过，相信失败就会变成成功的起点！

心灵箴言

灵感不过是顽强的劳动而获得的奖赏。

——[俄罗斯] 列宾

成功=艰苦劳动+正确方法+少说空话。

——[德] 爱因斯坦

天才就是百分之九十九的汗水加百分之一的灵感。

——[美] 爱迪生

持之以恒，铁杵也能磨成针

故事话题

在美国科罗拉多州长山的山坡上，躺着一棵大树的残躯。自然学家讲过，它有过 400 多年的历史。

在它漫长的生命里，曾被闪电击中了 14 次，被暴风骤雨侵袭了无数次，却无一能让它倒下。

但在最后，一小队甲虫的攻击却让它永远也站不起来了。那些甲虫从大树的根部开始向里咬，渐渐伤了树的元气。虽然甲虫很小，它们持续不断地进攻却让一棵大树丧命了。

这样一棵森林中的巨树，闪电不曾将它击倒，狂风不曾将它动摇，却因一小队甲虫凭借持之以恒的攻击而倒了下来。

故事解析

只要有强大的信念，以微弱之躯也可以撼大摧坚。生活中，我们都可能会面对“撼大摧坚”的艰巨任务：运动员要向世界纪录挑战，科学家要解开大自然的奥秘，企业家要跻身世界强者的行列，即使再普通的人也会有一些困难需要克服。

正如布尔沃所说：“恒心与忍耐力是征服者的灵魂，它是人类反抗命运、个人反抗世界、灵魂反抗物质的最有力支持。从社会学的角度看，考虑到它对种族问题和社会制度的影响，其重要性无论怎样强调也不为过。”

故事穿越

晋代大书法家王羲之，7 岁时就跟从书法家卫夫人学习书法，他练字十分刻苦。

相传当年王羲之在绍兴兰亭临池学书，苦练了 20 年，由于经常在池里洗笔刷砚，竟将池里的水染黑了。

有一次王羲之的儿子王献之问他写字的秘诀，他指着家里的 18 口水缸说："学字的秘诀就在这 18 口缸里面，你把 18 口缸里的水写完，自然就知道写字的秘诀了"

王献之把 18 缸水用完了后，果真练出了一手好字，也成了著名的书法家。

故事微语

人类迄今为止，所有重大的成就无一不是凭借持之以恒的精神而实现的。发明家爱迪生说："我从来不做投机取巧的事情。我的发明除了照相术，也没有一项是由于幸运之神的光顾。一旦我下定决心，知道我应该往哪个方向努力，我就会勇往直前，一遍一遍地试验，直到产生最终的结果。"

持之以恒，不断地进取，养成执著的个性，并用辛勤的汗水浇灌成功之花。做任何事情，只要有坚定的信念，持之以恒地奋斗，就会有实现愿望的那一天。

心灵箴言

业精于勤而荒于嬉，行成于思而毁于随。

——韩愈

骐骥一跃，不能十步；驽马十驾，功在不舍。

——《荀子·劝学》

只要持之以恒，知识丰富了，终能发现其奥秘。

——杨振宁

你想成为幸福的人吗？但愿你首先学会吃得起苦。

——[俄] 屠格涅夫

勤劳一日，可得一夜安眠；勤劳一生，可得幸福长眠。

——[意大利] 达·芬奇

第四篇

张弛有度，生活和工作需要休息

生活和工作都需要休息，只有张弛有度才能取得事半功倍的效果，这就需要我们做到不贪婪、勿懒惰、懂休息、讲效率以及踏实勤奋。要知道天下没有免费的午餐，只有靠自己的双手才能赢取财富。

不贪婪，天下没有免费的午餐

故事话题

有一群猴子喜欢偷吃农民的大米，而它们又是一种难以捕捉的动物。多年来，农民们想尽了办法，用装有镇静剂的枪去射击或用陷阱去捕捉它们，但都无济于事，因为它们的动作实在是太敏捷了。后来，人们去请教生物学家。生物学家于是根据这种猴子的习性找到了一种捕捉他们的方法。

他把一只窄瓶口的透明玻璃瓶固定在树上，在瓶内放入大米。到了晚上，猴子来到树下，便将爪子伸进瓶子去抓大米。这瓶子的妙处就在于猴子的爪子刚刚能够伸进去，等它抓了一把大米后，由于紧握拳头，爪子却怎么也抽不出来。而那个瓶子因为系在树上，使它无法拖着瓶子走。

贪婪的猴子十分顽固——始终不愿意放下已到手的大米。就这样，第二天，当生物学家抓住它的时候，它依然不愿放手，直到有人把那把米放入它的嘴中。

故事解析

在人生的道路上，许多人都会犯与猴子一样的错误，由于太看重眼前的利益，该放弃时不能放弃，结果铸成大错，甚至悔恨终生。其实要想远离这些灾难，只要做到不贪婪，放手即可。

我们应该用理智驾驭自己的贪欲，在面临危机时要果断地松开抓着“大米”的手。其实，如果我们能够放弃眼前的私利，不贪婪，不追求这些“免费的午餐”，一定会认清那些潜在的危险。这样我们就会远离危险，平安度日。

故事穿越

一只仓鼠嘲笑着蚂蚁：“可怜的蚂蚁们，为了屯集这么一点粮食，你们千辛万苦地劳作，忙活了一天又一天。这值得吗？真该让你们看看我的储备粮！”

“听着，”一只蚂蚁回答它，“就因为你储藏的粮食比你所需要的多太多，所以人类才要把你从泥土里挖出来，把你的粮仓掏空，让你用性命来替你那贪婪的强盗行为赎罪：你很快就要失去你的性命了！”

故事微语

不能太贪婪——这是真理，当欲望大于生命的时候，生命必将遭遇威胁是必然的，这正如仓鼠。当它储存比自己需要的多得多的食物时，农民辛勤劳作的收入也会为之大减，怎能不让人痛恨呢？

不要贪婪，天下没有免费的午餐，所有的一切都应该靠自己的双手去争取。当我们过度追求我们不需要的事物时，这便会成为我们的灾难，我们应该向小蚂蚁学习，学习不贪婪的精神，这样才能为大家所爱。

心灵箴言

人生在勤，不索何获。

——张衡

所谓天才，那就是假话，勤奋的工作才是实在的。

——[美] 爱迪生

天才就是勤奋，曾经有人这样说过。如果这话不完全正确，那至少在很大程度上是正确的。

——[德] 李卜克内西

勿懒惰，靠自己的双手赢取财富

故事话题

战国时的苏秦因为夜以继日地读书，实在太累了，便用锥子刺自己的腿来使头脑清醒；汉代的孙敬，为了防止自己在读书时打瞌睡，便用一根绳子将自己的头发系在房梁上，只要一打磕睡便会被扯醒。这就是“刺股悬梁”的故事。

晋朝的车胤、孙康、匡衡，家里都贫困，连点灯的油都买不起。夏天的晚上，车胤用纱布做成一个小口袋，捉一些萤火虫装进去，借着萤火虫发出的光来看书；孙康在严寒的冬夜坐在雪地里，利用雪的反光来读书；匡衡在墙上凿了个小洞，“偷”邻居家的一线灯光来读书。这就是“囊萤映雪”和“凿壁偷光”的故事。

故事解析

文学家说勤奋是打开文学殿堂之门的钥匙；科学家说勤奋能使人更聪明；而政治家说勤奋是实现理想的基石。

华罗庚先生说：“科学的灵感，绝对不是坐等可以等来的。”勤学就是告诉我们要学无止境，要有良好的学习态度，靠自己的双手来赢取财富。

吃苦耐劳是发财致富、获取成功的秘诀，也是成功人士必备的基本素质。有道是“苦尽甘来”。当一个人通过辛勤劳作，让自己的能力提高到了一定程度的时候，自然会有更多的机会降临。

故事穿越

小时候，王永庆家里十分贫穷。由于他在家中排行老大，从小就担负着繁重的家务。6岁起，每天一大早就起床，赤着脚，担着水桶，然后爬上屋后两百多级高的小山坡，再赶到山下的水潭里去汲水，然后再原路挑水回家，一天要往返五六趟，十分辛苦。不过，这也锻炼了他的耐力。

小学毕业后，为了维持生计，王永庆来到嘉义一家米店当学徒。在那工作了一年左右，他的父亲见他有独立创业的潜能，便向亲戚朋友借了两百块钱，帮他开了一家米店。

王永庆十分精心地经营着这家米店。为了建立客户关系，他用心盘算每个客户的消耗量，比如一家10口人，每月需大米40斤，5口之家就是20斤，他按照这个数量设定标准，当他估计某某家的米差不多要吃完了的时候，便主动地将米送到顾客家里。这种周到的服务一方面确保顾客家中不会缺米，另一方面为顾客也提供了方便，尤其是那些老弱病残的顾客更是受到欢迎，自从买过王永庆的大米后，便再也没到别家米店去买过米。

当然，王永庆这样送米上门，由于诸多原因，不一定会及时拿到米款，但王永

庆想，对于大多数领薪水的人来说，没到发薪之日手头也不会宽裕，于是他牢记每个在不同机构上班的顾客，每月是什么时候领薪水，就在那一天去收米款，结果一般都能让他满意而归。

王永庆是一个胸怀大志的人，他并没有满足于单独卖米，为了减少从碾米厂采购的中间环节，增加利润，他增添了碾米设备，自己碾米卖。

王永庆正是由于这种吃苦耐劳的精神，即使遭遇挫折，也能坦然面对。取得成功后，王永庆深有体会地说：“对我而言，挫折等于是提醒我——某些地方疏忽犯错了，必须进行理性分析，以作为下次处事的参考与借鉴，这样便能以正确的态度面对人生所不能忍的挫折，并从中获益，挫折的杀伤力就等于减了半，因此，我成功的秘诀就是四个字——吃苦耐劳。”

故事微语

“吃得苦中苦，方为人上人。”这句流传千百年的话语告诉我们这样一个道理：勤劳也是成功秘诀。那些能吃苦耐劳的人，大部分都获得了成功。怕吃苦，不但难以养成积极进取的习惯，反而会采取逃避的态度，这样就更难获取成功了。

唯有以勤补拙，任劳任怨，迅速提高自己的实际操作能力，才会有大的发展空间，就像幼鸟练飞一样，经过勤练，把翅膀练硬了，自然会飞离小鸟巢，海阔天高，任我翱翔。

心灵箴言

天才就是无止境刻苦勤奋的能力。

——[美] 卡莱尔

我在科学方面所做出的任何成绩，都只是由于长期思索、忍耐和勤奋而获得的。

——[英] 达尔文

不存在没有热情的智能，也不存在没有智能的热情，如果没有勤奋，也不存在热情与才能的结合。

——[加拿大] 戴维

要踏实，将脚印牢牢地印在泥土里

故事话题

约翰头一回从叔叔手里接过鱼竿，跟着他穿过树林去钓鱼。多年的钓鱼经历使叔叔深谙何处小鱼最多，他特意将约翰安排在最有利的位置上。

约翰模仿别人钓鱼的样子甩出钓鱼线，宛若青蛙跳动似的在水面疾速地抖动鱼钩上的诱饵，眼巴巴地等候鱼儿前来叮食。好一阵子什么动静也没有，约翰不免有些失望。

“再试试看。”叔叔鼓励约翰。

忽然，诱饵消失得无影无踪了。

“这回好了，”约翰暗忖，“总算来了一条鱼了。”约翰赶紧猛地一拉鱼竿，岂料扯出的竟是一堆水草……

约翰一次又一次地挥动发酸的手臂，把钓线扔出去，但提出水面时却总是空空如也。约翰望着叔叔，脸上露出恳求的神色。

“再试一遍，”他若无其事地说，“钓鱼人得有耐心才行。”

突然间，好像有什么东西在拽约翰的钓线，旋即一下子把它拖入了深水之中。约翰连忙往上一拉鱼竿，立刻看到一条逗人爱的小鱼在璀璨的阳光下活蹦乱跳。

“叔叔，”约翰掉转头，欣喜若狂地喊道，“我钓了一条！”

“还没有哩。”叔叔慢条斯理地说。他的话音未落，只见那条惊恐万状的小狗鱼鳞光一闪，便箭一般地射向了河心。钓线上的鱼钩不见了。约翰功亏一篑，眼看快到手的捕获物又失去了。

约翰感到万分伤心，满脸沮丧地一屁股坐在草滩上。叔叔重新帮他缚上鱼钩，安上诱饵，又把鱼竿塞到约翰手里，叫约翰再碰一碰运气。

“记住，小家伙，”他微笑着，意味深长地说，“在鱼儿尚未被拽上岸之前，千万别吹嘘你钓住了鱼。事情得慢慢来，心急吃不了热豆腐，要想做成大事，需要从点点滴滴的扎实付出开始。”

故事解析

约翰缺乏踏实的心态，想一开始就能钓到鱼，可是事情往往不像头脑中想象的那样简单，有时候光靠头脑聪明，方法迅捷，可能起不了作用。最重要的是肯干，踏实地去做，不达目的不罢休。

成功就像爬山，要靠一滴汗水加上一个脚印地去攀登，世界上没有一口吃个胖子的事，一蹴而就只能是一厢情愿的臆想。成功偏爱那些有了想法就踏踏实实行动的人。

我们在有了明确的目标后，脚踏实地地开始行动，战胜重重困难之后，胜利的曙光就会照耀我们的脸庞了。

故事穿越

传说古时候有两座大山，一座叫太行山，一座叫王屋山。那里的北山上住着一位名叫愚公的老人。愚公每次出门，都因被这两座大山的阻隔，需要绕一个很大的圈子，才能到南方去。

一天，愚公把全家人召集起来，说："我准备与你们一起，用毕生的精力来搬掉太行山和王屋山，修一条通向南方的大道。你们说好吗？"

大家都表示赞成，但愚公的夫人提出一个问题："我们大家的力量加起来，还不能搬移一座小山，又怎能把太行、王屋两座大山搬掉呢？再说，把那些挖出来的泥土和石块放到哪里去呢？"

最后大家经过讨论认为，可以将挖出来的泥土和石块扔到东方的海边和北方最远的地方。

第二天一早，愚公便带着儿孙们开始挖山。虽然每天全家人也挖不了多少，但他们依然坚持着挖。直到换季节的时候，才回家一次。

有个名叫智叟的老人在得知这件事后，跑来劝愚公说："你这样做太不聪明了，凭你的精力，怎么可能把这两座山挖平呢？"

愚公回答道："即使我死了，还有我的儿子在这里。儿子死了，还有孙子，孙子又生孩子，孩子又生儿子。子子孙孙是没有穷尽的，而山却不会再增高，为什么可能挖不平呢？"

当时山神见愚公和家人挖山不止，便向上帝报告了这件事。上帝被愚公的精神所感动，于是派了两个神仙下凡，把两座山背走了。从此，这里再也没有高山阻隔了。

故事微语

踏实是人安身立命的支柱，只要有踏实的精神，纵使面对大山，也能产生搬平的勇气。踏实是真实存在的，它能焕发出巨大的力量，它让我们将脚印牢牢地印在了泥土地里。

一步登天是不可能的，但是如果能够做到按部就班，踏踏实实，就可能会获得成功。用踏实努力来践行成功的路，人生才能真正获得快乐和幸福，同学们，从现在起让我们脚踏实地地努力吧！

心灵箴言

生命不可能从谎言中开出灿烂的鲜花。

——海涅

惟诚可以破天下之伪，惟实可以破天下之虚。

——薛瑄

精神的浩瀚，想象的活跃，心灵的勤奋——就是天才。

——[法] 狄德罗

如果说我有什么功绩的话，那不是我有才能的结果，而是勤奋有毅力的结果。

——[英] 达尔文

穷神猛追勤勉，片刻不舍。勤勉稍一懈怠，穷神就高奏凯歌。北条团水人物指的就是具有毅力的人、勤奋的人、入迷的人和忘我的人。

——[日] 木村久一

懂休息，让自己得到充分的释放

故事话题

弗洛伊德是一名伟大的画家。英国女王伊丽莎白想请他为自己画幅画。于是，她派皇室大臣去请弗洛伊德到皇宫里来为自己作画。

弗洛伊德正在给一位村妇作画，听完皇室大臣的来意后，头也没抬地说道："我正忙着，没有时间去皇宫，如果女王实在想画画，就请她到我这儿来，有时间的话，我就给她画一幅。"

女王听说后，赶紧推掉自己重要的公务，穿戴整齐后，驱车到了弗洛伊德的画室。推开虚掩的门，女王看到弗洛伊德正靠在躺椅上，微闭着双眼。

有人对弗洛伊德说："女王来了，请您给她作画。"

弗洛伊德抬眼看了一眼女王，说道："我正在休息，现在没有时间给您画画。"

女王微笑着对他说："没关系，您先休息，等你以后有时间了再给我画一张。"说罢，女王微笑着、轻轻地退出了画室，她仿佛生怕自己的脚步声会惊动了画家，亵渎了画家的那份神圣和宁静。

事后，有人问弗洛伊德："女王驾到，您怎么还要休息呢？"

弗洛伊德回答道："休息的事，比天大，我怎么能随便放弃正在休息时的那份美好和恬静呢？"

故事解析

生命在于运动，积极休息有利于健康长寿。人在疲惫的时候休息，就像给身体这节大电池充电，只有充满了电，才能有更多的精力和热情去从事自己喜欢的工作等。一个不懂休息的人，不会有足够的精力去工作、生活和学习。

积极休息要讲究动静结合，我们在休息的时候要将运动归纳入列，不应该仅局限于睡觉。运动不仅可以锻炼我们的身体，还会锻炼我们的大脑、放松我们的神经，良好的身体素质会让我们有更多的精力去生活。

故事穿越

以色列耶路撒冷附近有一个名叫“芬克斯”的酒吧很有名气。

酒吧内情调温馨、高雅，特别是这家酒吧的老板可以调制出一种清香扑鼻的鸡尾酒，让人难以忘怀。

以色列总理内塔尼亚胡为了宴请来访的美国前国务卿基辛格博士，就将午餐安排在了这家酒吧。会见结束后，内塔尼亚胡与基辛格博士一起有说有笑地来到了这家酒吧。刚走到酒吧门口，他们就看到酒吧老板正背着旅行包，拖着行李箱，似乎要出门远行的样子。

内塔尼亚胡问道：“您这是要到哪里去？我正要到您这儿宴请贵宾。”

酒吧老板看了看内塔尼亚胡和他身边的客人，说道：“不好意思，我正要出去度假，您还是到其他地方吧。”

内塔尼亚胡无奈地耸耸肩，与基辛格博士走了。

事后，有人对酒吧老板说道：“您太不会做生意了，放着这么好的生意不做，多可惜啊！”

酒吧老板回答道：“这怎么行？休息是大事，我怎么能为了赚钱而放弃休息呢？”

故事微语

休息是工作的基础，是活力的源泉。懂得休息、学会休息、善于休息，方能积蓄更多的正能量，才能让自己的能量得到充分的释放。一张一弛乃文武之道，工作固然重要，而适当的休息则更为重要。若一味工作而不放松自己，就会失去很多乐趣，工作也会失去了本身的意义。

我们在学习之余也要多加休息，让自己重新积聚力量，让自己更加精神饱满地投入到学习之中。

心灵箴言

谁不会休息，谁就不会工作。

——[法] 笛卡尔

对搞科学的人来说，勤奋就是成功之母。

——茅以升

科学的未来只能属于勤奋而谦虚的年轻一代。

——[俄] 巴甫洛夫

勤奋是一种可以吸引一切美好事物的天然磁石。

——[英] 罗·伯顿

世界是本书，不从旅行获得充足，而是为了心灵获得休息。

——[罗马] 西塞罗

讲效率，珍惜生命里的每一分钟

故事话题

戴维和凯瑞是两个好朋友，他们同时被一家公司录用。在开始的半年里，他们一样努力，每天工作到很晚。最后都得到了总经理的表扬。可是半年后，戴维得到了提升，从普通职员一直升到部门经理。而凯瑞却似乎始终被冷落，直到现在依然只是一个普通的职员。

终于有一天，心中不平的凯瑞向总经理提出了辞呈。并痛斥了公司的用人不公。总经理没有生气，他希望帮助凯瑞找到问题的关键。因为他知道凯瑞虽然工作努力，但效率不高。这也是他一直没有得到提升的主要原因。

总经理微笑地看着他，忽然想出了一个主意。“凯瑞先生，请你马上到集市上去，看看今天有什么卖的。”凯瑞很快从集市回来说，刚才集市上只有一个农民拉了一车土豆卖。“一车大约有多少袋，多少斤？”总经理问。凯瑞又跑去，回来说有 10 袋，100 斤。“价格是多少？”凯瑞再次跑到集市上。当凯瑞回来的时候，总经理对气喘吁吁的他说：“休息一会吧，你可以看看戴维是怎么做的。”

戴维需要完成的是同样的事情，但结果却大不一样。他很快从集市回来了，并且向总经理汇报说，到现在为止只有一个农民在卖土豆，有 10 袋共 100 斤，价格适中，质量很好，他带回几个让经理先看看。另外这个农民还有几筐才采摘的黄瓜，价格便宜，公司可以采购一些。他不仅带回了黄瓜的样品，而且还把那个农民也带来了，他现在正等在外边。

听完戴维的汇报，总经理非常满意地点了点头。而这时，站在一旁的凯瑞也已经明白了一切，“这就是普通职员和部门经理之间的差别。”

故事解析

效率的差别来自想法的不同。戴维能够由普通职员升为部门经理，关键在于他能够延伸思维，比别人想的更多一些，这就避免出现凯瑞那样辛苦却低效率的工作。

勤奋造就高效，美国小说家马修斯说：“勤奋工作是我们心灵的修复剂。是对付愤懑、忧郁症、情绪低落、懒散的最好武器。有谁见过一个精力旺盛、生活充实的人，会苦恼不堪，可怜巴巴呢?”

只有勤奋工作、反复试验的人才会获得成功。随时都想着“还有明天”，哪里来的工作效率呢?

故事穿越

有一次，美国劳工部部长赵小兰准备接受电视台的采访，一向守时的她提前赶到了电视台。可是，就在采访前的十几分钟，突然出了一个插曲。

在一般情况下，被采访的嘉宾会和主持人提前接触一下，双方进行一下简单的交流，从而既消除了彼此的紧张情绪，还能增进了解。可就在赵小兰和主持人要见面的时候，赵小兰却停在了屋外，请助手告诉主持人稍等一下。

赵小兰的举动让电视台的工作人员们都有些意外，就在大家胡乱猜想的时候，赵小兰带着和煦温暖的笑容走了进来，非常得体地和工作人员们打了招呼，然后微笑着和主持人一起坐了下来。

刚坐下来，赵小兰便说："抱歉，让您久等了！"主持人没想到赵小兰这样的大人物居然如此谦虚诚恳，连忙说不介意。

"刚才我的状态不太好，情绪状态没有达到最好的状态，所以我站在门外平静了一会儿，调节好了之后才进来，这样一来就耽误了一些时间，真是非常不好意思。"赵小兰微笑着解释，"每个人的状态都有高有低有好有坏，就像是起伏不定的波浪一样。当我状态不佳的时候，我会尽快躲在不太显眼的地方调节自己的情绪，等我感觉到自己的精神状态已经调节好之后，才会以自己最美的姿态来参与公众生活。"

主持人对赵小兰的话非常好奇，于是就和她继续聊起了这个话题。主持人问赵小兰这样的自我调节真的有很明显的效果吗？

赵小兰微笑着说："在谈话中，并不是滔滔不绝地说个不停就能达到最好的效果，要想达到最好的结果，就必须知道什么时候该说话和什么时候该说什么样的话，这样虽然语言不多，却能让交谈的人都非常愉悦，自然也就能实现预期的目的；而在具体做某一件事情的时候也是如此，并不是忙忙碌碌累得团团乱转的人就能做得最好，而要学会在什么时间该做什么样的事情，这样才能用最少的精力做好最多的事情。简而言之一句话，效率比傻干更重要！”

主持人点了点头，赵小兰继续说：“比如刚才的事情，如果我没有调整到最好的状态，而是以一种低迷的状态来和您交谈，那么很可能采访的质量就不会高，那既是对您的不尊重，也是我的损失。所以，我用极短的时间调节了一下自己的身心，就能换来一次成功的采访和结交到更多的朋友，这样不正是最好的结果吗？”

正式采访的时间马上就要到了，两个人都做了一个深呼吸，调节了一下自己的情绪，然后微笑着开始录节目。

在那一天的采访中，两个人的节目做得非常成功。

采访之后，这位主持人不无感慨地说道：“这样一个懂得高效率处世的人，获得怎样的成就都不足为奇！”

故事微语

松下幸之助说："只有全神贯注工作才能产生高效率。"不管雄鹰，还是蜗牛，能登上塔尖，俯视万里，都离不开勤奋。只有勤奋，才有效率和业绩。

有些人非常繁忙，似乎总有很多事情要做，他们也常常拼命加班，但却总是出不了什么成绩，而提高时间利用率、提高工作效率才是正确的解决之道。

我们要努力提高自己的做事效率，更快更好地完成任务，珍惜生命里的每一分钟，不将时间浪费在无谓的事情上。

心灵箴言

工作中最重要的是提高效率。

——[英] 约·艾迪生

抛弃时间的人，时间也抛弃他。

——[英] 莎士比亚

盛年不重来，一日难再晨，及时当勉励，岁月不待人。

——陶渊明

时间就像海绵里的水一样，只要你愿意挤，总还是有的。

——鲁迅

如果说金钱是商品的价值尺度，那么时间就是效率的价值尺度。因此对于一个办事缺乏效率者，必将为此付出高昂代价。

——[英] 培根

第五篇

丰富人生：用勤奋书写精彩

勤奋可以书写出我们的美好未来，这需要我们充实自己的生活；努力提升自我素质；多参加体育锻炼，还要做到博学多识、事业成功。这一切都离不开勤奋二字，让我们勤奋起来，拥抱美好的未来吧！

充实生活，在忙碌中体验美好

故事话题

一位公司的董事长在接受记者采访的时候说道：“以我现有的财产，即使我一天用 10 万元，我活 100 年，也用不完。可是我离不开工作，我是贪求无厌吗？不是的，我是用此来充实生活。”

那位先生又说：“我只有在忙碌中，才能感到踏实，才能体验到生命的美好，我根本想象不出闲着的自己会是一种什么样的状态。”

故事解析

一个成功的企业家，绝不是从安逸享乐中得来，而是从勤劳奋斗中获得的。虽然人的生命才几十年，但是我们可以利用短暂的生命，来完成更多具有意义的事情。

时间是幸福的链条，世界上最宝贵的除了良好的心理素质外，还有勤奋。勤奋靠的是毅力，是永恒。只有在充实的生活中，才能更加深刻地体会到生命的美好，才能活得更有意义、更有价值。

故事穿越

斯蒂芬·金是世界著名的小说大师，他几乎每天都做着同一件事，即天刚放亮，就到打字机前开始写作。斯蒂芬·金曾经贫困到连电话费都交不起，而电话公司还因此掐断了他的电话线。斯蒂芬·金后来成了著名的恐怖小说大师，稿约不断，经常是一部小说还未成形，出版社就已经将高额的定金支付给他了。现在他也算是一个大富翁了，但他每天依然在勤奋刻苦的创作中度过。

斯蒂芬·金成功的秘诀只有两个字，就是“勤奋”。他与一般的作家不同，很多作家在没有灵感时，就会去做其他的事情，从来不会逼自己去写。然而斯蒂芬·金即使是在没有什么好写的情况下，也会每天坚持写 5000 字。一年之中，斯蒂芬·金只有在自己生日、美国独立日（国庆节）、圣诞节这 3 天不写作。而他的勤奋则为自己带来了永不枯竭的灵感。

故事微语

世界上最美好的东西，都是由勤快的双手创造出来的，劳动可以获得丰硕的成果。人的一生在于勤，俗话说：“不劳无获，勤劳可得，不勤则饥，不勤则愚。”人生之路上，以勤为径，才能获得幸福。

勤奋，是智慧的双胞胎；懒惰，是愚蠢的亲兄弟。勤奋的人，善于挤出时间；懒惰的人，总是缺少时间。勤奋，是时间的主人；懒惰，是时间的奴隶。

青春的光芒，理想的实现，生命的意义，乃至于人类的生存与发展，都离不开勤奋二字。闪光的人生由勤奋打造，智慧的人生由勤奋堆积。勤奋是实际的行动，在人生途上，勤奋是一切成就的催产婆。

心灵箴言

没有任何动物比蚂蚁更勤奋，然而它却最沉默寡言。

——[美] 富兰克林

毅力、勤奋、忘我投身于工作的人。诚实和勤勉，应该成为你永久的伴侣。

——[美] 富兰克林

盲目地一味勤奋的确能创造财富和荣耀，不过，许多高尚优雅的器官也同时被这唯其能创造财富和荣耀的美德给剥夺了。

——[德] 尼采

博学多识，从书中摄取营养

故事话题

鲁迅从小读书便十分刻苦。少年时，鲁迅在江南水师学堂读书，第一学期取得了十分优异的成绩，学校奖给他一枚金质奖章。

鲁迅立即拿到南京鼓楼街头卖掉，然后用这些钱买了几本书，又买了一串红辣椒。

每当天气十分寒冷的时候，夜读难耐，鲁迅便摘下一颗辣椒，放在嘴里嚼着，直到辣得额头冒汗。鲁迅就用这种办法驱寒坚持读书。由于读书特别多，鲁迅后来终于成为我国著名的文学家。

故事解析

读书是获得知识的重要途径，对于大部分人来说，经常挤出一些时间用于读书学习是很有必要的。读书不仅可以充实我们的生活，净化我们的心灵，提升我们生活的品味，还可以提高我们的工作能力和处理事情的水平。

俗话说：“书中自有黄金屋，书中自有颜如玉。”人的生命毕竟是有限的，不要将时光浪费在无聊的事情当中。多读书吧，让我们从书中摄取到广博的知识，这将会迅速丰富我们的视野，掌握更多的知识。

故事穿越

塞缪尔·拉莫里是一个以学习来不断提高自己的耕耘者。他是珠宝匠的儿子，祖上从法国逃难到了英国，从此在英国定居下来。他少年时代并未受过什么教育，但是通过不知疲倦和勤奋克服了这一劣势，并且一生中从未停止过努力学习。

他在自传中写道："我十五六岁时下决心学习拉丁语。那时候我对拉丁语的了解仅限于一些极日常的语法规则。通过三四年的刻苦学习之后，除了有关专业科技课题的著作，譬如瓦罗·康路马拉、塞尔瑟斯的著作，我几乎读完了所有拉丁语鼎盛时期的散文家的作品。其中，利维、萨卢斯特和塔西陀的书我读了有足足三遍。我研读过西塞罗广为流传的演讲词，还有荷马的作品读了大半。特伦斯、维吉尔、贺瑞斯、奥维德、还有尤维纳利斯的作品我都读了一遍又一遍。"

塞缪尔·拉莫里另外还自学了地理、自然历史和自然哲学，他是个真正知识渊博的人。他 16 岁时就进入大法官法庭工作，在那儿做秘书。他工作勤快，并不断努力学习，很快又进入了律师行业，勤奋学习和不懈的努力确保了他在事业上的成功。

1806 年，塞缪尔·拉莫里伯爵被政府任命为副检察长，在以后的职业生涯中他稳步前进，成为法律界的名人之一。塞缪尔应该是做得很优秀的了，然而他还经常觉得自己的知识不够，因此不断地学习，不断地补充知识以弥补自己的不足。

故事微语

读书是一种提升自我的重要途径。“玉不琢不成器，人不学不知道。”读诗使人高雅，读史使人明智。俗话说：“读万卷书，行万里路。”每一本书都会带给我们不同的收获。“悬梁刺股”、“萤窗映雪”，勤奋读书可以提升自我的知识面。

读书是一种充实自我的艺术，书本是人生最大的财富。犹太人从小便教育孩子们：要让甜蜜充满人生就要读书。读书是人生中最难得的存折，一点一滴地积累之后，便能做一个内心富足的人。

心灵箴言

学莫大于博，行莫于约。

——马总

博学而不穷，笃行而不倦。

——戴圣

聪明出于勤奋，天才在于积累。

——华罗庚

形成天才的决定因素应该是勤奋，与勤学苦练是成正比例的。

——郭沫若

我未曾见过一个早起勤奋谨慎诚实的人抱怨命运不好；良好的品格，优良的习惯，坚强的意志，是不会被假设的所谓命运击败的。

——[美] 富兰克林

提升自我，用勤奋铸造诚信

故事话题

莫里·威尔斯是一个曾被人认为最不可能进入美国超级职业棒球队竞赛联合会的棒球明星。然而在1962年，威尔斯打破了联合会伟大前辈的偷垒记录，被授予了“联合会最有价值球员”的称号。

一个似乎注定只能在职业生涯中平庸的球员变成了一位超级明星，这是因为他敢于尝试，敢于向“高度”挑战，从而才获得了成功，赢得了广泛的关注和尊重。

故事解析

西方有句名言：“一个人的思想决定一个人的命运。”不敢挑战高难度工作的人，是对自己潜能的画地为牢，只能浪费自己无限的潜能。

当机会来临时，只有那些勇敢、敢于尝试、时刻准备着的人才能抓住。“幸运就是机会遇到了准备”，准备的前提就是你是个敢于提升自我的人。

同学们，勤奋的人总是会得到更多的肯定，会给人以诚信的印象，现在就让我们用勤奋铸造自己诚信的名片吧！

故事穿越

在1888年的美国总统大选中，莫尔当选副总统。在他执政期间，声誉卓著。当时《纽约时报》的一位记者偶然得知这位总统之前是一名小布匹商人，感到很奇怪：莫尔为什么会发展得这么快？带着这些疑问，他访问了莫尔。

莫尔回答道："我做布匹生意时也挺成功。可是，有一天我读了一本书，书中有句话是这样写的：'我们在人生的道路上，如果敢于向高难度的工作挑战，便能够突破自己的人生局面。'这句话让我怦然心动，让我不由自主地想起之前一位朋友邀请我共同接手一家濒临破产的银行的事情。因为金融业秩序混乱，我又是一个外行人，再加上家人的极力反对，我便断然拒绝了朋友的邀请。但是，在读到这一句话后，我的心突然沸腾了，犹豫了一下，便决定给朋友打一个电话，就这样，我走入了金融业。经过一番学习和了解，我和朋友渐渐干得有声有色，度过了经济萧条时期，让银行不断壮大。之后，我又向政坛挑战，成为一名副总统。"

故事微语

生命是有限的。想活得富有意义，就要勇敢地向高难度的工作发起挑战。这是对自己生命的负责。

很多时候，事业失败的人往往就是因为他们不懂得提升自我，因此，如果你能毫不畏惧地迎接挑战，告诉自己“我能行！”那么，你也会像那些成功的人一样，变得骄傲起来。同学们，让我们给自己设立更大的目标，不断地提升自己，让自己变得更加优秀吧！

心灵箴言

勤奋就是成功之母。

——茅以升

努力学习，勤奋工作，让青春更加光彩。

——王光美

在天才和勤奋之间，我毫不迟疑地选择勤奋，它几乎是世界上一切成就的催生婆。

——[德] 爱因斯坦

事业成功，付出汗水才能走近成功

故事话题

李嘉诚曾经说过：“我认为勤奋是个人成功的要素，所谓‘一分耕耘，一分收获’，一个人所获得的报酬和成果，与他所付出的努力有极大的关系。运气只是一个小因素，个人的努力才是创造事业的最基本条件。”

李嘉诚还解释道：“在20岁前，事业上的成果百分之百靠双手勤劳换来；20岁至30岁之前，事业已有些小基础，那10年的成功，10%靠运气好，90%仍是由勤劳得来；之后，机会的比例也渐渐提高；到现在，运气已差不多要占三至四成了。”

事实上，李嘉诚能够取得事业上的巨大成功，也确实离不开辛勤的汗水和努力的付出。

故事解析

成功来自于勤奋，俗话说：“勤能补拙是良训，一分辛苦一分才”。古今中外，每一个成功者的成功都是用他们辛勤的汗水浇灌出来的。

俗话说：天道酬勤。其实，成功更愿意垂青那些勤奋的人们。成功大门的钥匙是掌握在自己的手中的，只要我们能够把握住每一次机会，不断地付出辛勤的汗水和劳动，我们一定能够成就自己的目标。

故事穿越

1995 年 4 月，马云辞职后借了 2000 美元，开办了“中国黄页”，成为中国第一批网际网络公司之一。

1997 年年底，马云和外经贸部合作开发了一系列国家级站点。

1999 年，马云通过自己的演讲筹集了 50 万元人民币，宣告成立了阿里巴巴网站。

阿里巴巴的发展过程并不是很顺利。当时，资金极度短缺。马云为了得到他人的投资，经常亲自到处游说，尝到了创业的艰辛。

正是凭着不懈的努力，马云轻而易举地从孙正义那里获得了第一笔风险投资。

尽管阿里巴巴的创业过程很艰难，但是，马云一直勤奋地工作着。他如此鼓励自己：“大家都倒下了，我站着就是胜利；如果大家都卧着，我跪着就是胜利。”

正是凭着这种精神，马云和他的阿里巴巴迎来了喜人的春天。目前，阿里巴巴是中国最大的以 B2B 为模式的网站之一。

后来，马云如此评价自己的成功：“如果我马云能够创业成功，那么我相信中国 80% 的年轻人都能创业成功。”

故事微语

马云的成功也归功于他的勤奋。成功不在于你知道多少，而在于你付出多少，做了多少。只有付出勤奋，付出汗水，才更可能会获得成功。

面对成功路上的种种困难，无奈的叹息、美好的梦想、苦苦的等待都是没有用的，只有勤奋才是通向成功的捷径。良机对于懒惰没有一点用处，但勤奋可以使最平凡的机遇变成良机；把成功路上的绊脚石踩在脚下，变成通往成功的铺路石。

心灵箴言

天才在于积累，聪明在于勤奋。

——华罗庚

国家之前进在于人人勤奋、奋发、向上，正如国家之衰落由于人人懒惰、自私、堕落。

——[英] 斯马尔兹

人的大脑和肢体一样，多用则灵，不用则废。在掌握了所读东西的记忆特征后，就唯有勤奋二字了。

——茅以升

涓滴之水可磨损大石，不是由于他力量强大，而是由于昼夜不舍地滴坠。只有勤奋不懈地努力，才能够获得那些技巧。

——[德] 贝多芬

要意志坚强，要勤奋，要探索，要发现，而且永不屈服，珍惜在我们前进道路上降临的善，忍受我们之中和周围的恶，并下决心去消除它。

——赫胥黎

健康身体，勤于锻炼是关键

故事话题

竺可桢在 15 岁那年从故乡的绍兴小学毕业，考入了上海澄衷学堂。

在澄衷学堂，竺可桢的个头比同龄人要矮一截，体重也要轻 10 来斤。他的这副单薄瘦弱的样子，成了同学们讥讽和嘲笑的目标。

一天，竺可桢在教室外的走廊上，迎面走来几个同学。他们对着竺可桢挤眉弄眼，甚至还故意挖苦道："好一个寒酸的小矮子，准活不过 20 岁！"

竺可桢十分气恼，但又一想：我的身子骨长得原本就很瘦小，再说，一个男子汉也没必要为了一两句恶语，便跟人撕破脸皮争吵起来。

晚上，竺可桢辗转反侧的难以入睡，他想：我们的祖国现在灾难深重，人民贫穷病弱，被外国人称为"东亚病夫"。现在自己也被人看不起。既然立志要为拯救祖国而出力，那就必须首先战胜自己病弱的身体！

想到这里，竺可桢立即从床上爬了起来，连夜制订了一个锻炼身体的计划，还将一条"言必信，行必果"的格言，抄贴在了宿舍里，作为警钟，随时提醒自己。

从那以后，竺可桢每天鸡一啼叫就起床，然后到校园里跑步、舞剑、做操……有一天清晨，竺可桢刚一醒来，就听到"轰隆隆"的雷声，从窗户往外一瞧，原来是下大雨了。今天还要不要按时起床去锻炼呢？竺可桢刚犹豫了一下，便立即反驳起了这个想法：不行，有一回间断，就可能有第二回、第三回，这是绝对不可以的……于是，竺可桢迅速起床，冒雨跑完了订好的路程。

这样坚持了一段时间，竺可桢的体质明显好了很多，再也没请过一堂课的病假。这时候，全班同学，包括过去讥讽过他的那些同学，都称赞他是"智体并重"的模范。

故事解析

竺可桢之所以能成为“智体并重”的模范，能将体质显著的提高，不再请病假，和他积极锻炼身体有着莫大的关系。

我们是祖国的未来，肩负着建设祖国的重任，要想取得成就也离不开一副好的身体，我们也要像竺可桢一样，积极锻炼身体。

身体是人们最为宝贵的个人财产，在提高做事效率的同时，也要提升自身的身体状况，这样才可能时刻保持精力充沛，以超强的体力和积极乐观的心态去做好更多的事情。

俗话说：“身体是革命的本钱。”有健康，有精力，才会有美好的未来，才能将理想变为现实。好身体是奋斗的基础，有了健康的身体，我们的人生才会快乐前行，才会精彩纷呈，人生才充满了希望。

故事穿越

毛泽东在12岁那年曾经得了一场大病，于是体会到身体健康的重要性，后来到湖南第一师范学习的时候，他特别重视锻炼身体，经常参加各种体育锻炼。

第一师范校门口有一口水井。毛泽东的老师杨昌济先生每天都会在这里进行冷水浴，毛泽东也尽力仿效。每天，天刚蒙蒙亮，毛泽东就起床穿一短裤来到井旁，他一桶一桶把水吊上来，从头浇到脚冲洗全身，然后再用毛巾擦干，擦了再淋，淋了再擦，直至擦得浑身通红为止，即使在寒冷的冬天也坚持如此。

毛泽东坚持洗冷水浴多年，解放后，他年龄大了，洗澡时还用温水，不用热水。他曾说过："一个经常注意锻炼身体的人，便不会为风雪的寒风所吓倒。我练习过冷水浴，现在年纪虽然大了，冬天也还可以不用热水洗澡，小小的寒冻也还经得住。锻炼的确是重要的事情。"

在第一师范上学时，学校前面就是湘江，更是游泳的好地方。每年5月到10月，毛泽东和几个同学几乎每天到湘江游泳，还横渡湘江。到了冬天，很多人都不敢下水了，毛泽东和几个伙伴依然坚持冬泳。

"风浴""雨浴""日光浴""空气浴"，也是毛泽东喜爱的运动。从第一师范前面过了江便是岳麓山，这里是毛泽东和伙伴们进行风浴、雨浴、日光浴、空气浴的好地方。他们游过湘江，躺在烈日照射的沙滩上伸展开身子进行日光浴，遇到暴风雨，他们也不会去躲避，反而在大风大雨中奔跑，登上山峰，迎风高歌。

毛泽东还经常和几个同学到妙高峯君子亭、岳麓山和爱晚亭附近露宿。他们尽情地游玩，尽情地高谈阔论，夜深人静的时候，他们便分散开在枯柴杂草中露宿。

全国解放后，毛泽东仍然非常重视体育运动。在他的领导下，我们国家专门成立了国家体育运动委员会，毛泽东亲自题词："发展体育运动，增强人民体质"。

1951年，毛泽东在接见几位教育界人士时，谈到了进行体育锻炼的好处。他说："我认为有志参加革命的青年，必须锻炼身体，不去锻炼身体的人，就不配谈革命。大家不是读过《红楼梦》吗？《红楼梦》中两个主角，我看都不太高明。贾宝玉是阔家公子，饮食起居都需要丫头照料，自已不肯动手；林黛玉多愁善感，最爱哭泣，只能住在大观园的潇湘馆中，吐血，闹肺病。这样的人，怎么能革命呢？你们办学校，不要把我们的青年培养成贾宝玉和林黛玉式的人。我们不需要这样的青年，我们需要坚强的青年，身体和意志都坚强的青年。"

故事微语

毛泽东曾经说过："文明其精神，野蛮其体魄。"我们是祖国未来的接班人，肩负着时代的重任，身体是知识的载体，只有健康的体魄，才能使我们更好地投入到工作和学习之中，迎接各种困难和挑战。

身体健康是一笔宝贵的财富，我们要珍惜我们现在的健康，努力保持健康，这就离不开锻炼。同时，锻炼也可以让我们的心情变得更愉悦，让我们结识到更多的朋友，我们又何乐而不为呢？

心灵箴言

尽忠职守，勤奋工作，并且热爱荣耀相信自己的直觉。

——[美] 李奥贝纳

所谓天才人物指的就是具有毅力的人、勤奋的人、入迷的人和忘我的人。

——[日] 木村久一

什么是天才！我想，天才就是勤奋的结果。

——郭沫若

在寻求真理的长河中，唯有学习，不断地学习，勤奋地学习，有创造性地学习，才能越重山跨峻岭。

——华罗庚

聪明的资质、内在的干劲、勤奋的工作态度和坚忍不拔的精神，这些都是科学研究成功所需要的其他条件。

——[澳大利亚] 贝弗里奇

心灵榜样微史话

罗斯福

富兰克林·罗斯福，美国第 32 任总统，美国历史上唯一蝉联四届的总统，美国迄今为止在任时间最长的总统。美国历史上最伟大的三位总统之一，同华盛顿、林肯齐名。

在 1930 年代经济大萧条期间，罗斯福推行新政以提供失业救济与复苏经济，并成立如公共事业振兴署、国家复兴管理局和农业调整管理局等机构来改革经济和银行体系。虽然直到第二次世界大战爆发为止，美国的经济仍未能完全复苏，但是他所发起的一些计划，如联邦存款保险公司、田纳西河谷管理局以及证券交易委员会等，仍继续在国家的商贸中扮演重要角色。除此之外，在其任内设立的一些制度，包括社会安全系统和全国劳资关系委员会等等，仍然保留至今。

美国在线曾于 2005 年举办票选活动——《最伟大的美国人》，富兰克林·德拉诺·罗斯福被选为美国最伟大的人物中的第十位。

贝多芬

路德维希·凡·贝多芬，德国著名的作曲家和音乐家，维也纳古典乐派代表人物之一，是“集古典主义之大成，开浪漫主义之先河”的伟大音乐家。他创作的作品对音乐发展有着深远的影响。

贝多芬一共创作了 9 首编号交响曲、35 首钢琴奏鸣曲、10 部小提琴奏鸣曲、16 首弦乐四重奏、1 部歌剧、2 部弥撒、1 部清唱剧与 3 部康塔塔，另外还有大量室内乐、艺术歌曲、舞曲。他的作品对世界音乐的发展有着非常深远的影响，因此被尊称为“乐圣”，在世界交响音乐界，有着极其崇高的地位。著名作品有交响乐《英雄》《命运交响曲》《田园交响曲》《合唱》，钢琴奏鸣曲《悲怆》《月光》《暴风雨》《热情》《幻想》；弦乐四重奏《大赋格》等。

席维斯·史泰龙

西尔维斯特·史泰龙，1946 年生于美国纽约，画家、演员、编剧、导演及制片人。

1970 年进入演艺圈。1976 年自编自演《洛奇》系列电影首部。1977 年凭借电影《洛奇》获得第 49 届奥斯卡和第 34 届美国金球奖最佳男主角和最佳编剧奖提名。1982 年自编自演《第一滴血》系列第一部，凭《洛奇》和《第一滴血》两个动作电影系列成为 80 年代好莱坞动作明星的代表。1984 年留名好莱坞星光大道。1992 年获得第 17 届荣誉恺撒奖。2002 年被授以“千年动作明星奖”。2003 年以《第一滴血》“兰博”当选美国国家广播公司评出的“影视作品中的十大铁血猛男形象”。2009 年，威尼斯电影节授予“电影人荣誉最高奖”。2010 年获得好莱坞事业成就奖。

此外，史泰龙还是一名抽象派画家，曾在俄罗斯博物馆、巴塞尔艺术博览会等多个艺术展览会开办个人画展，作品包括《朋友之死》《寻找洛奇》和《大力神钟点》等表象主义画作。

克劳塞维茨

卡尔·菲利普·戈特弗里德·冯·克劳塞维茨（1780 年—1831 年），德国军事理论家和军事历史学家，是近代军事战略学的奠基人，普鲁士军队少将。

1792 年，他参加了普鲁士军队。1795 年晋升为军官，并自修了战略学、战术学和军事历史学。克劳塞维茨一生参加了四次著名战役：莱茵战役、奥斯塔德会战、法俄战争和滑铁卢战役。他的不朽兵学巨著《战争论》，是所有军人必读的兵学圣经，被称作西方军事思想的代表。他也因此被称作“西方兵圣”。

法国大革命、历次拿破仑战争和 19 世纪初欧洲各国人民的民族解放运动，对于克劳塞维茨世界观、军事观的形成，产生了决定性的影响。克劳塞维茨虽然对法国大革命持反对态度，但他同时也清楚地看出了这次革命在军事上引起的根本性变化，并对封建主义军事理论进行了尖锐的抨击。

克劳塞维茨研究了 1566 年—1815 年期间所发生过的 130 多次战争和征战，撰写了论述荷兰独立战争、古斯塔夫二世·阿道夫战争、路易十四战争、菲特烈二世战争、拿破仑战争、1812 年卫国战争、1813 年德意志解放战争等许多军事历史著作。克劳塞维茨的主要著作是《战争论》

禹

禹，姓姒，名文命，字密。史称大禹、帝禹，为夏后氏首领、夏朝开国君王。禹是黄帝的玄孙、颛顼的孙子。其父名鲧，被帝尧封于崇，为伯爵，世称“崇伯鲧”或“崇伯”，其母为有莘氏之女脩己。

相传，禹治理黄河有功，受舜禅让而继承帝位。在诸侯的拥戴下，禹王正式即位，以安邑为都城，一说以阳城、平阳为都城，国号夏。并分封丹朱于唐，分封商均于虞。

禹是夏朝的第一位天子，因此后人也称他为夏禹。他是中国古代传说时代与尧、舜齐名的贤圣帝王，他最卓著的功绩，就是历来被传颂的治理滔天洪水，又划定中国国土为九州。后人称他为大禹。禹死后安葬于会稽山上，仍存禹庙、禹陵、禹祠。从秦始皇开始历代帝王大都来禹陵祭祀他。

卜商

卜商，字子夏，汉族，春秋末年晋国温地人，一说卫国人，“孔门十哲”之一，七十二贤之一，人称卜子。性格勇武，为人“好与贤己者处”。以“文学”著称，曾为莒父宰。后来到魏国西河讲学。提出过“仕而优则学，学而优则仕”的思想，还主张做官要先取信于民，然后才能使其效劳。李悝、吴起都是他的弟子，魏文侯也尊以为师。相传《诗》、《春秋》等书，均是由他传授下来。

在孔门弟子中，子夏并不像颜回、曾参辈那样恪守孔子之道。他是一位具有独创性因而颇具有异端倾向的思想家。他关注的问题已不是“克己复礼”，而是与时俱进的当世之政。因此，子夏发展出一套偏离儒家正统政治观点的政治及历史理论。

王献之

王献之，东晋书法家、诗人，晋简文帝司马昱之婿。字子敬，小名官奴，汉族，祖籍山东临沂，生于会稽，书圣王羲之第七子。官至中书令，为与族弟王珉区分，人称王大令。与其父并称为“二王”。

王献之自幼聪明好学，在书法上专攻草书隶书，也擅长绘画。他自小跟随父亲练习书法，胸有大志，后期兼取张芝，别为一体。他以行书和草书闻名，但是楷书和隶书亦有深厚功底。由于唐太宗并不十分欣赏其作品，使得他的作品未像其父作品那样有大量留存。

王充

王充，字仲任，会稽上虞人，他的祖先从魏郡元城迁徙到会稽。王充年少时就成了孤儿，乡里人都称赞他孝顺。后来到京城，到太学里学习，拜扶风人班彪为师。

王充以道家的自然无为为立论宗旨，以“天”为天道观的最高范畴。以“气”为核心范畴，由元气、精气、和气等自然气化构成了庞大的宇宙生成模式，与天人感应论形成对立之势。其在主张生死自然、力倡薄葬，以及反叛神化儒学等方面彰显了道家的特质。他以事实验证言论，弥补了道家空说无着的缺陷。是汉代道家思想的重要传承者与发展者。王充思想虽属于道家却与先秦的老庄思想有严格的区别，虽是汉代道家思想的主张者但却与汉初王朝所标榜的“黄老之学”以及西汉末叶民间流行的道教均不同。《论衡》是王充的代表作品，也是中国历史上一部不朽的无神论著作。

李嘉诚

李嘉诚，原籍广东潮州潮安 ，祖籍福建莆田，长江实业集团有限公司董事长。

1958 年开始投资地产。1979 年购入老牌英资商行“和记黄埔”，成为首位收购英资商行的华人。1981 年获选“香港风云人物”和太平绅士。1989 年获英国女王颁发的 CBE 勋衔、1992 年被聘为港事顾问、1993 年度香港风云人物、1995 年至 1997 年任特区筹备委员会委员。

自从 1999 年被福布斯评为全球华人首富以来，连续 15 年蝉联华人首富宝座。2011 年，李嘉诚功夫茶传奇故事入选国家孔子学院汉语外教文章。2014 年《福布斯》杂志公布的全球富豪排名，李嘉诚的净资产总值高达 310 亿美元，蝉联亚洲首富，全球排行第 20 位。2014 年 3 月，李嘉诚将屈臣氏股份近 25%作价 440 亿港元卖给新加坡主权基金淡马锡，在 8 个月中已套现超过 710 亿港元。同年 3 月，出版相关传记《李嘉诚：成功没有偶然》。6 月 18 日，李嘉诚旗下的维港投资宣布，投资美国纽约科技公司，已为该公司完成 1000 万美元的 A 轮融资，用于研发培植细胞、制造皮革等技术。

周迅

周迅，1974 年 10 月 18 日生于浙江省衢州市，中国内地女艺人。

1991 年因出演电影《古墓荒斋》而出道。1998 年周迅凭借《苏州河》获得巴黎国际电影节影后及法国演艺集团最具潜力新人奖。2000 年因电视剧《大明宫词》小太平一角获得中国电视金鹰奖最受欢迎女演员。

2001 年参演的电影《十七岁的单车》获得第 51 届柏林国际电影节银熊奖；2003 年主演的《巴尔扎克与小裁缝》代表法国获得第 61 届金球奖最佳外语片提名。2005 年凭借电影《如果·爱》获得香港电影金像奖、台湾电影金马奖等奖项。

2008 年获得联合国开发计划署任命成为中国亲善大使。2009 年，以《李米的猜想》获得中国电影金鸡奖，亚洲电影大奖等 10 个中外大奖。

2009 年获得亚洲电影博览会、亚洲制片人协会“年度亚洲之星”。2010 年被 CNN 评选为亚洲最伟大的 25 位演员之一，并获得联合国环保人物大奖“地球卫士”称号。2014 年 2 月获得法国文学及艺术骑士勋章。

杨澜

杨澜，中国电视节目主持人、媒体人、企业家。毕业于北京外国语大学，1990 年至 1994 年担任中央电视台《正大综艺》节目主持人，之后赴美深造，毕业于美国哥伦比亚大学国际及公共事务学院，获国际事务硕士学位。第十届、十一届、十二届全国政协委员。

1999 年 10 月离开凤凰卫视中文台，担任阳光文化影视公司董事局主席；2000 年，创建第一个以历史文化为主题的卫星频道——阳光卫视。

2001 年，杨澜女士应邀出任北京申办 2008 年奥运会的形象大使；同年 7 月，在莫斯科国际奥委会会议上代表北京作申奥的文化主题陈述。2002 年 荣获“中国企业女性风云人物”的称号。

心灵修养用语微解

细节：1. 不起眼的小环节，小事。2. 文艺作品中描绘人物性格、事件发展、自然景物、社会环境等最小的组成单位。细节描写要求真实、生动，并服从主题思想的表达。

勤奋：认认真真，努力干好一件事情，不怕吃苦，踏实工作。平步青《霞外攟屑·掌故·林西厓方伯》：“似此勤奋出力之员，岂可拘其家世，不加奖励。”巴金《探索集·探索之四》：“我还是要写作，而且要更勤奋地写作。”

借口：1. 承认活动本身是错的，但是当事人否认他应当承担责任。2. 以某事为理由。例如：不能借口快速施工而降低工程质量。3. 假托的理由。例如：别拿忙做借口而放松学习。4. 借口所借的必须不存在，否则不是借口。

目标：1. 射击、攻击或寻求的对象。2. 想要达到的境界或目的。柳青《铜墙铁壁》：“人一乱跑开就坏了，正好成了扫射的目标。”碧野《我们的力量是无敌的》：“因为不让敌人发现目标，全团的各营各连队都不生火做饭，只吃干粮。”

计划：在管理学中，计划具有两重含义，其一是计划工作，是指根据对组织外部环境与内部条件的分析，提出在未来一定时期内要达到的组织目标以及实现目标的方案途径。其二是计划形式，是指用文字和指标等形式所表述的组织以及组织内不同部门和不同成员，在未来一定时期内关于行动方向、内容和方式安排的管理事件。

行动：在生物学领域内，行动是指生物在空间的整体移动行为，例如动物的步行、奔跑、游泳、飞翔等。行动指主动的移动，不包括被气流、水流或其他生物带动所造成的空间移动。除某些因固定附着生活的低等动物外，大部分动物都有特化的行动器官，它们的取食、生殖等基本生活活动也都要通过行动才能实现。就行动的范围、速度、单程的距离以及定向的准确性而言，以鱼类、哺乳类和鸟类最为突出，因此，它们分别在水陆空三界成为优势生物。

坚持不懈：懈：松懈。谓坚持到底，一点不松懈。形容做事持之以恒。出自《清史稿·刘体重传》：“煦激励兵团，坚持不懈，贼穷蹙乞降，遂复濮州。”《伟大的悲剧》：“到中午，这五个坚持不懈的人已经走了14公里。”近义词：持之以恒、锲而不舍、坚持不渝、矢志不渝、坚韧不拔。反义词：半途而废、有始无终、一暴十寒。

自强不息：在一定时期、一定范围以内记载下来的最高成绩，如世界纪录、吉尼斯世界纪录等。强大自己必须要通过坚持不懈的努力；深层次的意思是：一个人的处境即使再糟糕，但是通过持之以恒的努力和付出，可以成就一个强大的自己，若想强大自己，必须坚持，不放弃努力。语出《周易·乾》：“天行健，君子以自强不息。”从哲学的角度解释：强大我们先天的自性，开发我们的公心道心；不要让我们的后天邪念萌生，私心妄心滋长。

价值：潜在的能量，表意识以内的潜能，每个人的潜能是无限的。常指人类原本具有却没有被开发的能力。来源于自然界，并随着人类的进化而进化，随着社会的发展而发展，价值的终极本源只能是运动者的物质世界和劳动者的人类社会。但是对于人类社会，不同的人对价值的理解也是不同的。价值是指在实践——认识活动中，客体是否满足主体需要的关系，它表现为客体对主体的有用性或意义。李渔《闲情偶寄·声容·熏陶》：“香皂以江南六合县出者为第一，但价值稍昂。”平步青《霞外攟屑·掌故·碎石治河》：“因度山石远近价值，与土木船载远近多寡，计需银止十四万两。”